DNA Nation

How the Internet of Genes Is
Changing Your Life

DNA 國度

基因檢測與基因網際網路
如何改變你的生活？

伽利略獎得主、分子生物學家

塞爾吉奧・皮斯托伊 著
Sergio Pistoi

曹順成 譯

國立臺灣大學生命科學系教授

丁照棣 審定｜導讀

〈審定導讀〉
遺傳學的日常

臺灣大學生命科學系教授　丁照棣

　　幾年前的某一天，爸爸從醫院做完例行性檢查後回到家，他說：「今天醫生請我跟你們說，我的巴金氏症並不是遺傳的。」正在享用晚餐的我腦中浮現的問題是，醫生做了哪些檢測？我也突然驚覺「遺傳」居然成為家中餐桌上的話題。

　　從大學第一次接觸到回到學校教書，遺傳學一直是我最喜歡的一門課，但是在我課堂上的聽眾主要是生科領域專業的學生，在日常生活中遺傳學對大多數的人來說，似乎僅止於中學課本上關於孟德爾遺傳實驗的科學史，遺傳與基因好像是太過專門的科學名詞，和大家的距離好遠。但是在過去的十年中，我和朋友的對話中陸續出現了「懷孕期間自費基因檢測……」、「我和我先生都是蠶豆症的帶因者…….」、「我們公司健康檢查有增加腫瘤相關基因的篩檢……」、「你可以解釋一下基因和染色體的關係嗎？」、「我們家有家族遺傳……」、「我有乳糖不耐的基因型……」，有幾位朋友因為各種不同的原因購買了 23andMe 的檢測套組，加入了唾液提供者的行列，也有同行的朋友積極投入嶄新的基因檢測的市場。

　　因為研究與授課的需要，從 2005 年開始，我一直注意個人基因體或是消費者基因體的發展，15 年過去了，各種基因定序技術的推陳出新，讓生命科學領域以飛躍的速度推展，在華生的個人基因體問世後，個人基因體相關的學術論文與媒體報導不曾間斷過。個人基因體資料是以百、千、萬以上的指數級增加。一直以果蠅為模式生物進行研究的我，居然還在同事、學生的推波助瀾下設計了一個乳糖酶基因定序的遺傳學實驗教案。基因檢測、個人

基因體已經不只是課本上的冷知識，大家似乎都感受到基因體時代引發的全民學遺傳風潮。

最近一年，我連續讀了二本以個人基因體為主軸的書，其中《DNA國度》風趣的筆觸讓我印象深刻，書中以消費型的基因體服務為主軸貫穿全書深入淺出的介紹與我們息息相關的遺傳學知識。

《DNA國度》一書共分為五部，第一部開始以生動的方式描述以唾液樣本為主的消費者基因體服務，作者以清晰的筆觸解釋我們細胞中的遺傳物質——染色體、基因、基因體等術語，並且在第一章就介紹了存在於個體間的差異。消費者基因體搭配遺傳演算法在美國掀起的一股尋根風潮，各民族融合的背景也營造了消費者基因體服務的特定模式。消費者基因體服務搭配網路社群的推波助瀾，許多人在網路社群中找到遠房親戚，作者以粒線體與Y染色體的遺傳資訊分析為例，闡述科學界從母系與父系的變異追尋現代人走出非洲的歷史，科學家解密尼安德塔人基因體的資訊，居然透露早期歐亞大陸拓荒時期現代人祖先與尼安德塔人的美麗邂逅，這些愛情的詩篇在現代人的基因體中留下遺傳的印記。當消費者基因體分析近親與遠祖的同時，我們發現「凡走過必留下痕跡」在DNA的世界中一點都不假，許多種族主義的擁護者面臨了前所未有的挑戰。消費者基因體的討論打破我們以外型、族群認同為主的刻板印象，反思沒有「血統支持」的種族差異論。

第二部是以DNA檔案資訊為主軸的遺傳學，在了解DNA的數位化資訊可以儲存在雲端，也可以隨身攜帶後，作者輕鬆的解釋如何從DNA的資訊描繪出個人的外型特徵，例如：眼睛、毛髮、膚色等資訊，也解釋單基因與多基因控制的特徵。作者以ABO血型為例，清楚的解釋孟德爾式的單基因遺傳，讓第一次接觸遺傳學的讀者都能清楚的瞭解。但是話鋒一轉，作者以營養基因體為例打破遺傳決定論的迷思，連續的章節又以DNA護膚為例，敲醒消費者不要被高科技包裝的商品迷惑。在消費型基因體服務的分項中：

護膚保養、天賦潛能與體重管理吸引了消費者的目光，但是這些方面有無DNA資訊的協助可能並不會影響最終的結果，只是消費者不小心可能誤信了包裹「高科技」糖衣的商品。作者也以電影《千鈞一髮》的劇情為例，剖析DNA決定論的迷思，字裡行間也透露出別用DNA局限個人的發展，還有法令規範追趕不上基因科技發展的現實。作者還進一步說明目前的遺傳學研究並不能完全解釋我們擇友與性傾向的差異，由科學研究的結果說明並不是所有的性狀、特徵都能以簡單遺傳的法則對應與預測。第二部的結尾是以爭議性的眾包研究收場，埋下第四章討論「你的資料權屬於誰？」的伏筆。

　　第三部是以遺傳資訊預測健康為主軸，解釋在消費者基因體服務中提供的風險資訊。開宗明義的小標題非常貼切的說明疾病的遺傳基礎——罕見而簡單、常見且複雜。作者解釋大量的基因體資訊可以協助研究人員找到罕見疾病相關的遺傳變異，對罕見疾病家庭而言，個人基因體時代是黑暗中的一線曙光，在可以期待的未來許多罕見疾病的遺傳與治療將一一浮現。相對於罕見的單基因遺傳疾病，心血管、代謝相關疾病的遺傳卻是多基因控制的複雜性狀，複雜性狀的表現不只是因為眾多的基因控制，還有環境因子影響的。當單以基因型預測疾病的風險時，非遺傳因子的影響無法放入預測模擬中，一個健康的成人對 70 歲前得到阿茲罕默症的風險值為 60% 的解讀可能因人而異，對健康的疑慮可能像是隨身帶著一顆不定時的炸彈，隨時都有可能引爆，但是爆炸的威力也無法預知。原先以為可以未雨綢繆的消費者，反而落入了不可預測的隱疾迷霧中。不過，基因體資訊也有實用的一面，作者指出藥理基因體資訊可能比疾病風險更為實用，明顯的例證下消費者可能驟然發現隱身在長串數字中的藥理基因體資訊在未來個人健康中將佔有一席之地。這一部以表觀遺傳與微生物菌相延伸目前醫學最前線的發展與願景，最新的定序技術也開起檢測個人化的未來式，穿戴式感測器越來越普及，家庭化智慧醫療時代已經來臨，我們應該慶幸生在這個最好的時代。

　　第四部進入了諜對諜的資料權歸屬，由於科技的進步，任何微小的生物痕跡都有可能成為有心人士竊取遺傳資訊的機會，要完全杜絕被入侵的機會要付出非常大的努力。作者巧妙的以配方取代藍圖的類比來平息遺傳資訊被竊取的恐懼，雇主或保險公司從基因體資訊其實也無法預測個人的能力、行為與成就。基因體資訊的配方說重申前面多基因複雜性狀的風險評估不準度，和眾多微小影響與非遺傳因素組合的性格、智力與行為無法由基因體資訊預測，所以遺傳資訊應該被保護的同時，也不必恐慌生物痕跡會透露你的隱私。不過，作者又以執法者依賴基因體資訊破案的同時，非涉案人隱私的暴露卻是違反人權的行徑，個人的遺傳資訊可能應由其他家族成員被揭露，公權力應用基因體資訊的同時也挑戰了我們對個人意志自由的尊重。當然，作者身為基因體醫學的專家，他一直提醒各國重視法令落後科技的現況，並對消費者如何保護自己的遺傳資訊提出建議。

　　第五部作者提供讀者群實用的參考清單，舉凡常見問題解答、公司精選、各國遺傳諮詢學會與全書的參考文獻，對已經計畫嘗試基因體分型或定序服務的大家非常有用。

　　在臺灣，基因檢測、個人基因體服務、與精準醫學已經有相當的市場，基因檢測、定序的公司也有數十家，相對於商業模式的快速跟進，大多數的消費者對遺傳的瞭解並不足夠，法令的規範也是遠眺科技的尾巴追趕。也許此書中文版的問世可以幫大家打開個人基因體時代的大門，在上下班通勤的空檔時，一起瞭解基因體資訊將如何伴隨我們的未來。

從基因開始認識自己

〈推薦專文〉

從基因開始認識自己

第五屆吳大猷科普獎著作類金籤獎得主、醫師／林正焜

　　醫生為了診斷疾病，或為了排除沒有療效的治療方式，或為了避免病患對藥物發生嚴重不良反應，或為了預知可能的新生命是否罹患重大遺傳疾病，可以做特定的遺傳檢測。檢驗染色體構造是不是多出或少了一小段，有沒有前後翻轉，數量有沒有多或少一條。檢驗基因是不是可能造成疾病，例如製造血紅素相關的基因如果是壞掉的版本，就只好經常輸血。檢驗DNA有沒有突變，或定序DNA跟已知的序列做比對，看是不是需要採取預防措施；而且突變常常是癌症的原因，不一樣的突變治療方式也會不一樣。這些是目的明確的DNA檢測。

　　然而，約莫從這個世紀初始，由於DNA的功能似乎愈來愈明確，同時分子技術逐漸變得又好又便宜，非醫生處方，而是個人意願的DNA檢測應運而生，在商業平台展開服務。好像只要花一點錢，我們現代人就可以藉由熱門的基因體科學進一步瞭解自我。

　　於是本書作者就親自體驗，寄出自己的唾液給生技公司分析DNA，然後從自己的DNA報告出發，開始一段知識的探索。從檢測報告可以得到哪些生命的線索？做了檢測之後，我們對自我、家族、民族的看法會有什麼改變？我們有辦法保有隱私嗎？在人際網絡中，如果無數個人DNA資訊使人與人之間產生新的連鎖，會讓社會產生什麼變化嗎？也許有人想要分析自己的DNA，但不太清楚檢驗的結果能透露什麼秘密給我們，本書提及的這些話題應該可以作為一種指引。

　　書中對這種消費者導向的DNA檢測有一些自己的見解，跟科技公司宣

稱的用途不見得一樣。我們花了錢去檢測DNA，如果換來一些花言巧語，豈不是太冤枉了？此外，有一些關於我們體質的密碼，揭開了，只有壞處沒有好處，自己要想清楚。例如眾人關心的失智症體質，檢驗的是一種跟失智相關的脂蛋白基因版本，事實上全人類第一個接受基因體定序的個人，就要求不要知道自己是什麼版本。知道了完全沒有好處，徒增一輩子擔憂。分析個人的DNA有時會帶來一些始料未及的趣事，例如讓我們增加許多遠方的表親。「我的大家庭裡現在有1,800個成員，並且還在不斷增加，每個人都有自己的資料和一個『交友邀請』的按鈕，可以用來與他們聯繫。」（第2章）人類本來就是一個大家庭，現在有了DNA可以判斷兩個人之間血緣多麼近或多麼遠，說不定透過這種途徑產生的家族會是一種新興的社群。

　　非異性戀不是簡單靠幾個基因就能決定的特質。「關於同性戀遺傳學的研究在科學上是有趣的……，但是我們不需要基因來為同性戀辯護或譴責他們，因為根本沒有任何證據可以這樣做。」（第12章）事實上，人類社會裡複雜的議題通通不是基因決定的，同性戀或異性戀不是，黑人或白人也不是。基因很超然，人生病了，也許可以找到基因層次的理由，但是企圖從基因看一個人是不是異性戀、是黑人白人、是哪一個人種，那是行不通的。智力呢？企業主能不能藉DNA挑選聰明的員工？科學家「研究了近2,800對雙胞胎，分別找尋數學和語言能力與基因之間的關聯，發現兩者都有很強的遺傳成分，」但無法指出任何遺傳變異造成影響（第10章）。意思是聰明與否，不可能從DNA序列判斷。後天的經驗和學習對智力有很大的影響，大家還是要努力。

　　私密的重要性不言可喻，尤其資訊開放，個資不容易保密。選舉手段走向偏鋒的政壇，「政客有強烈動機從對手那裡竊取DNA，並用來對付他們，政客可以利用這些DNA來尋找高危險疾病的易感性，或者將對手的遺傳剖析上傳到『親戚搜尋器』中，找尋非婚生子女或令人尷尬的家庭關係。」（第

18章）這種宛如諜報戰的情節，對政壇一定有很大的影響。接受DNA檢驗之前，不能疏忽了生技公司的保密能力。如作者在〈結語〉中所寫：「談論我們的基因變成是一件很酷的事，現在是成為DNA迷的絕佳時機。」個人DNA分析還有許多有趣的面向，讀者可以從本書開始一己的內在探索之旅。

目錄

第三部　預知：健康與你的遺傳未來

第四部　隱藏：你的資料權屬於誰？

第五部　實用要素

第一部 連線
加入基因的網際網路

我是千萬富翁，我的DNA中蘊藏著財富
黑暗和魔鬼，腐蝕我內在的DNA
我擁有忠誠之心，我的DNA裡流著皇室的血統
——摘自肯德里克‧拉馬爾*，《DNA》歌詞

歡迎你！
—— 23andMe.com

1 如何成為唾液受測者──
進入DNA的超市

　　我一直都非常關注令人意想不到與有內涵的東西，例如：成堆的起司蛋糕、冰淇淋、剛烤好的佛羅倫斯牛排和托盤上堆得滿滿的桃子、鳳梨和萊姆。我盡可能發揮最大的想像力，讓我的口水能流得就像帕夫洛夫的狗一樣。眼前我的唾液收集管才只有半滿，但是我已經吐不出口水了。

　　收集口水是踏上DNA國度之旅的決定性動作：為了抵達目的地，我必須不斷吐口水，直到唾液量達到那個裝有漏斗和超大蓋子的無菌塑膠大容器上所標示的刻度為止。接著才算真正開始進入科學的研究過程，神奇的尖端技術將揭開我的遺傳秘密。只是現在的我正想盡辦法、努力嘗試著吐出足夠的唾液以達成收集管所需的量。這是我在整個DNA旅程中，唯一需要耗費體力的活動。

　　這支唾液收集管裝在一個精巧、漂亮，看起來像是新手機的包裝盒中，

從23andMe.com郵寄過來。23andMe.com是網路上直接販售給消費者，提供遺傳服務的眾多公司之一，我必須先上他們的網站登錄，並且支付99美元的費用，才能擁有這項服務。在這個盒子裡有一支管子和一張寫著一些簡單明瞭說明的卡片：吐口水，蓋上蓋子，然後將你的唾液樣本放入已經貼足郵資、寫好加利福尼亞州公司地址的信封中寄回。

　　DNA樣本的來源可以是我們的體液或是從身體任何部位取得的東西：血液、毛髮、精子、眼淚、汗水、皮膚、在手術過程中採集的組織樣本，甚至指紋[i]也行。只是唾液是從活人身上可以收集到、最簡單、傷害最小、方法最安全的樣本。我們隨時都會有一些細胞從口腔內側剝落到唾液中，而且每個細胞都是你DNA的精確副本，就像你體內其他37兆個細胞中的任何一個一樣。因此，一支充滿唾液的試管就包含足以萃取和解讀的遺傳物質。

　　在23andMe網站上說明了唾液送到實驗室之後的處理步驟：技術員會將樣本放在作業線上，在這裡進行的第一個化學處理是先破壞我細胞上的小膜，以便釋出內部的DNA，其他技術員會再將DNA純化。接著，樣本會被加載到一部可以掃瞄序列字母、並且產生檔案的機器上。在兩週內，這家公司會發出一封電子郵件通知我結果已經出來，我可以上網登入並查看結果。然後我的DNA訊息將被數位化，並且和經過同樣方法處理、分析過的幾百萬人的檔案一起被存入一個資料庫，這幾百萬人都很渴望能夠瞭解自己的染色體，並且想知道他們的基因到底透露了哪些訊息。

　　這是一項令人感到興奮的發現，但是第一次深究自己的染色體也讓人感到不知所措。我曾經在世界各地從事基因研究和檢驗人們遺傳物質的不同實驗室裡工作多年，研究來自匿名供體、患者、生物資料庫，甚至從人體中分離出來、從一個實驗室傳遞到另一個實驗室的個別基因DNA片段。誠如我

---

i　譯註：指紋留下少數表皮細胞也可以取得DNA樣本。

的其他同事，我可以告訴你幾十種從這個世界上任何活體中萃取、操作、讀取或剪接 DNA 的方法，而且我也有豐富的人類基因體學知識。只是對於有人（或某物）研究我自己 DNA 的這種想法，我還是覺得有些不自在。我覺得很無助，就像一個已經對別人做了數百次手術的外科醫生，現在卻躺在手術台上等待別人來對他動刀一樣。23andMe 的網站竭盡全力要讓客戶放心，請他們將 DNA 檢測視為一種有趣而富啟發性的體驗。只是在我必須簽名的合約中，有一些讓人讀起來不太開心的小小警告字眼：「在篩檢過程中，你可能會發現一些令人焦慮不安、跟自己或你家人有關，而且是你無法掌控或改變的情況。」

23andMe 並不是唯一會對顧客們發出這種警語的公司。所有的公司都會在他們的合約書上添加類似的警告用語，提醒受測者檢測結果可能引起的非預期結果，就像藥盒上的警告訊息一樣。不同的是我並沒有購買藥品：消費者基因體學公司解釋，他們的資訊並無醫學或診斷程序的意圖，而是做為自我發現的一種教育工具。用他們的術語來說，將唾液吐入收集 DNA 的管子裡，只是進入自己豐富旅程的第一步，甚至可能是你對未來的展望。但是這些警告並沒有讓人覺得絲毫的安慰，後來我才發現還有很多人跟我有相同的感覺。

蓬勃發展的市場

我發現有很多 DNA 公司願意分析我的唾液樣本。有幾十個網站提供個人化的遺傳檢測，要價低至 50 美元，甚至免費。你不僅可以獲得一個實惠的遺傳檔案，而且還可以在家中舒適地進行，省去出門看醫生或進實驗室的麻煩。這是一個直接向消費者銷售基因體學的新世界，一個結合了科學、醫學、系譜學、最先進的 DNA 技術與電子商務策略、具有發展潛力的蓬勃

市場。消費者基因體學排除了曾經存在於人們和DNA檢測之間的白袍中間人（醫生、遺傳學家和研究人員）。提供樣本的不是病人，他們是像你我一樣的消費者，因為從電視廣告、大型廣告看板、社交媒體上看到了這些檢測套組，或是從朋友那裡聽說了而購買。

在2019一整年裡，有超過2,600萬人從網路上或在實體商店購買了DNA檢測套組。[1]其中銷售額最大的Ancestry.com是全球最大的系譜學公司[ii]，它與猶他州的摩門教會有關係，在10個國家設有分公司，擁有大約1,400萬個訂戶。他們在2012年推出了AncestryDNA，這項服務將遺傳檢測納入系譜搜尋中，並且開始將DNA檢測套組直接銷售給消費者。銷售額第二大的公司是23andMe，大約擁有800萬客戶（「23」是指人類染色體的對數）。谷歌是23andMe的最主要投資者；兩家公司的總部分別位於加利福尼亞州山景城的對街，而23andMe的聯合創始人安・沃西基（Anne Wojcicki）是位生物學家，前夫是谷歌的聯合創始人謝爾蓋・布林（Sergey Brin）。大約250家較小的公司共享其餘的400萬客戶。而且還有更多的潛在客戶：根據安侯建業（KPMG）聯合會計師事務所的一項調查，有60%的消費者有意願嘗試DNA檢測套組，據估計2020年的市場規模將超過10億美元。[2]只是誠如我們稍後所見，實際上這個獲利的數字有矇混之嫌，因為對大部分公司而言，販售檢測套組僅是使用受測者資料所得利潤的一小部分而已。

DNA的超級市場並非一夕暴增。23andMe在2007年提供第一個商品化DNA檢測套組時，所謂的唾液受測者必須支付1,000美元，服務對象的資格因而限制在富人和名人。隨著價格下降，唾液受測者的數量呈指數型增長：一年之後，價格下降到原先的三分之一，現在大多數公司的服務價格還不到

---

1 編註：阿拉伯數字上標代表請參見〈參考文獻與作者註〉。
ii 譯註：2020年8月6日，百仕通集團（Blackstone）以47億美元買下Ancestry.com，據稱當時Ancestry.com在全球30國有逾300萬付費客戶，會員超過1800萬，年營收超過10億美元。

100美元。

現在提供這些服務的商業廣告無處不在。不論是信步走到藥房，抬頭看看城市中的大型廣告看板，或看電視廣告，都很可能會看到宣傳DNA檢測套組的產品。這是融入你的日常生活，並直接讓你面對的遺傳學。

細長條的生命

如果將體內的任何一個細胞放大檢視，並且在充滿顯微細絲、膜和胞器、像迷宮般內部的路徑中走動，你將會看到一個與其他胞器截然不同的泡泡：這是細胞的遺傳控制室，細胞核。更進一步放大檢視細胞核，你會看到一條非常纖細的長條物：這是DNA（去氧核糖核酸的英文縮寫），這個世界上幾乎所有生物都具有的遺傳訊息。[3]

DNA是由四個被稱為核苷酸的化學單元所組成的一長串序列，每個化學單元各自包含一個不同的化合物：腺嘌呤（A）、鳥糞嘌呤[iii]（G）、胞嘧啶（C）和胸腺嘧啶（T）。這四種化學成分構成了遺傳字母：就像頁面上的文字一樣，它們的組合形成了細胞可以讀取和轉譯的一系列指令。由於核苷酸A、G、C和T是DNA的字母，因此從現在開始，我將它們稱為「字母」，而不使用它們的學術專有名詞。每一個人的DNA都包含32億個字母，這些字母編寫的短語、章節和成冊的訊息構成了遺傳密碼。現在讓我們再更進一步放大以便查看DNA的緊密結構：這是演化學上一個優雅的例證。我們所看到的簡單字母鏈，實際上是一個雙螺旋，很像是一條兩股平行排列的纏繞階梯，對應股上的字母配對形成台階。1953年，吉姆·華生（Jim Watson）和弗朗西斯·克里克（Francis Crick）在羅莎琳德·富蘭克林（Rosalind

---

iii 譯註：又稱鳥嘌呤。

Franklin）和莫里斯・威爾金斯（Maurice Wilkins）開創性研究的基礎上，發表了DNA的雙螺旋結構，並闡述了其令人著迷的特性，例如，對應股上的字母配對遵循著嚴格的規則：一股上的「A」只會與另一股上的「T」配對，而「G」只會與「C」配對。由於這種規律配對，雙螺旋的雙股是互補的：假設已知一股上的字母，就可以自動得知另一股上的對應字母。如果在一股上有ATTTCGA的序列出現，那麼另一股上的序列就會是TAAAGCT，依此類推。基於此一屬性，雙螺旋可以構建自身的副本，這是單股分子永遠無法做到的特性。在細胞增殖之前，DNA需要先行複製，此時雙螺旋會打開，細胞將每一股做為一個模板，從中構建與模板配對的互補字母序列。當過程結束時，將會產生兩份相同於原始雙螺旋序列的副本，被分配到每一個新細胞。誠如我們所知，令人驚艷的是，如此簡單而優雅的機制是地球上整個生命的來源基礎。

染色體和基因

除了在成熟過程中失去細胞核的紅血球之外，我們體內的每一個細胞都包含一份完整的DNA。如果拉開單個細胞的DNA，會發現它共有2公尺長，只是那長長的條狀物，是被塞在一個只有幾微米的細胞核內。這是因為雙螺旋纏繞在稱為「組蛋白」（histone）的「線軸」（spool）蛋白質周圍，然後依次堆積並盤繞多次以形成染色質，這種染色質是由DNA和組蛋白共同組成的極其緊密的纖維。

染色質可被分為稱為大片段的染色體。每一個染色體都是遺傳物質的一部分，遺傳物質是一串被緊密包裝，包含數百萬個字母的DNA文字串。染色體的數量和大小因物種而異：人類有由23對構成的46條染色體，分別來自父親和母親。染色體在細胞分裂前的一小段時間裡，會在細胞核內以不同大小的棒狀形式出現，此時可在顯微鏡下觀察到。其中兩條分別稱為 X 和 Y 染色體的組合，是決定性別的因子：雌性為 XX，雄性為 XY。體內的其他染色體則根據大小從 1 號編到 22 號。

　　每條染色體包含上千個被稱為**基因**的訊息單元，每個基因都由上千個 DNA 字母組成。如果你將染色體視為一本遺傳學書籍的內容，那麼基因就是由字母在其中形成精確且訊息一致的章節。根據研究人員最近的報告指出，我們體內大約有 21,000 個基因。根據早期的定義（現在已知有許多例外[iv]），每個基因都是一段可以編碼出不同**蛋白質**的訊息。蛋白質是所有細胞和生物體中組成的基本要素。儘管基因在細胞核中默默存在著，但是它們所編碼的蛋白質是生命活動的主要承擔者。所有細胞、器官和組織的骨幹都是由蛋白質組成。被稱為「酶」的蛋白質催化所有的生化反應和代謝循環。激素、許多化學訊息、毛髮、皮膚、蠶絲、蜘蛛網和許多動物毒質也都是蛋白質。甚至有些蛋白質的工作是調節編碼它們基因的活性，從而產生反饋效應，讓生物學家們一頭栽進對其重要性的研究。身體裡的任何一個基因，都有互相對應的蛋白質在調節它們的表現。

　　奇怪的是，基因僅佔我們體內 DNA 的 2-3%。也就是說，我們大部分的遺傳物質並不編碼任何蛋白質，這個現象數十年來一直困擾著研究人員。在數百萬年的自然選汰過程中，我們怎麼可能還攜帶這麼多無用的 DNA？如果大部分 DNA 根本沒有任何用處的話，為什麼我們還要製造，並且維持這麼多代價昂貴的字母呢？用演化論的話來說，這是一個荒謬的行為──相當於每天有數十億員工帶著筆記型電腦、中午的便當……還有 200 公斤的垃圾走進辦公室。由於尚未完全明瞭這些 DNA 到底在人體內扮演著什麼樣的角色，一向習於直來直往的科學家們，便將這些非編碼序列稱為「垃圾 DNA」，而且一直

---

iv 譯註：目前已經知道許多非編碼 RNA 基因是以 RNA 執行功能，並不編碼蛋白質。

沿用至今。但是從最近的研究中得知，這些所謂的「垃圾DNA」並非完全沒有用處，實際上，它們是和調控基因，甚至調控整個染色體的控制元素群聚在一起，正如我們將在第17章〈唾液樣本的未來〉中看到的那樣。

由於我們分別從父母親雙方各自繼承了每一對染色體中的一個副本，因此，我們也擁有每個基因的兩個副本。這些版本並不盡然相同，因此它們對生物的影響也有差異。這也讓我們想到在DNA報告中隨處可見的另外一個術語：等位因子（alleles）。每個等位因子是族群中存在的相同基因的不同變化，例如位於第4號染色體上有一個被稱為 *Adh* 的基因，編碼一種可以分解你所攝取酒精的肝酶。*Adh* 基因的某些版本（即等位因子）會產生活性較高的酶，而其他版本則產生活性較低的酶。如果你繼承了兩個「快速」的等位因子，你的肝臟將可以產生較多活性較高的酶，因此與某些具有兩個「慢速」等位因子、有可能發生宿醉的人相比，你體內酒精代謝的速率比較快。繼承了一個「快速」和一個「慢速」等位因子者的酒精代謝率將大致介於兩者之間。這個例子並不完全準確（事實上總共有7個 *Adh* 基因，每個基因有不同的等位因子，所以事情會變得更複雜），但它說明了遺傳學中的一條規則：我們繼承了每個基因的兩個等位因子，而它們的組合影響我們的特徵。

這個規則有一個例外是位於性染色體上的基因。還記得嗎？雄性有XY，雌性有XX的染色體，所以算術很簡單：雌性在X染色體上的每個基因都有兩個等位因子，而Y染色體上沒有任何對應的等位因子，雄性在X或Y染色體上只有每個基因單一的等位因子，遺傳檢測把這些狀況都納入考量。

細胞核外仍然存在著一小部分DNA，可以在粒線體內發現，粒線體是細胞化學發電廠的微小胞器。專家們認為，粒線體事實上是古老的細菌，它們和存在於14至18億年前的第一批細胞融合在一起，並且在這些細胞體內跟宿主一起演化。每個粒線體都具有和細菌相似的環狀DNA，雖然在整個遺傳訊息中佔比很小、卻是很重要的一部分。人類的粒線體只有37個基因，然而系譜學家卻把注意力放在這些胞器的DNA上，這是因為它們只能從母親那裡繼承，有助於追蹤母系的血統。

震撼的圖譜

如果沒有科學家們漫長而艱苦的努力，完成人類第一個DNA的完整圖譜，那麼就不會有消費者基因體學的存在。早在1989年，諾貝爾獎得主羅納托・杜爾貝科（Renato Dulbecco）就首先提出解碼整個人類DNA前景。用他自己的話說，這個計畫類似於將人類送上月球的太空計畫，這兩個計畫在擬定之初，都是聽起來幾乎不可能實踐的計畫，而它們的成功，都會讓我們的知識向前推進好幾個世代。

在以美國和英國為首的國際聯盟著手進行人類基因體計畫（Human Genome Project, HGP）之前，杜爾貝科的想法已經到處流傳了一段時間。解密人類DNA的競賽成為人類歷史上最雄心勃勃、最昂貴的科學計畫之一，涉及成千上萬的研究人員，時間長達15年，估計耗資超過30億美元，並引發了競爭集團間史無前例的「基因體戰爭」，甚至還引發了政治衝突。經過2000年的初稿，HGP在2003年發布了人類基因體的第一個完整圖譜。這是有史以來，首度對包含32億個字母的整個人類DNA解碼，並且將其結果複製到任何人都可以在線上搜索和使用的檔案中。[4]

我們絕對沒有高估這項工作的重要性：自2000年代初期以來，幾乎所有人類基因體和基因的最新解讀片段都已經和這個圖譜做過比對，這個圖譜被視為詮釋DNA訊息的參考。如果沒有像杜爾貝科這類科學家的遠見，以及世界各地成千上萬研究人員的辛勤工作，我們就無法在網路上探索自己的DNA，而基因體學將仍然只是一個夢想。有了這個圖譜，研究人員現在就像是擁有一個人類基因體的虛擬谷歌地球儀：他們可以透過對染色體的熟稔，

並且使用基因體瀏覽器定位基因、或插入任何想要研究DNA部分的座標，根據需要隨時進行放大檢視。還有許多免費工具，如Ensembl和Genome Data Viewer，可以在網際網路上使用，至於其他工具則可以在消費者基因體學套件包中找到。[5]

HGP的負責人，美國科學家弗朗西斯・柯林斯（Francis Collins）說過一句名言：完成人類DNA的圖譜「僅僅是階段性的研究」。他的意思是，儘管這個圖譜是一項歷史性成就，但它只是基因研究的工具，而不是遺傳學研究的終點。HGP裡的另一個重要人物，英國諾貝爾獎得主約翰・蘇爾斯頓爵士（Sir John Sulston），開玩笑地回應了他的話，蘇爾斯頓認為這個圖譜可能會讓科學家們度過充實的下一個世紀。差不多20年過去了，柯林斯和蘇爾斯頓的話語卻仍十分貼切。DNA就像一個尚未打開的寶盒一樣，仍然充滿了等待我們去發現的驚喜。

從基因到基因體

DNA圖譜不僅是技術上的突破，它也是我們查看遺傳訊息新方法的基礎。DNA檢測現在已經不是新聞：自1970年代後期以來，正如《CSI犯罪現場》粉絲所知道的，遺傳分析已固定用於許多遺傳性疾病的診斷和法醫學上的研究。但是這些檢測僅限於同時應用在個別基因或某一類群裡的少數幾個基因。就像資源和範圍有限的探險家一樣，研究人員在進行冗長而昂貴的DNA分析之前，需要先仔細篩選目標，避免結果陷入絕境。由於這些檢測的費用、時間和技術上的困難，必須將使用者限制在受遺傳性疾病影響的家庭，或者只能用於某些腫瘤的分子診斷。

在21世紀初，由於技術的發展和可作為參考用圖譜的便利性，實現了同時讀取和分析一個人所有DNA的可能性，**基因體**和**基因體學**因而成為兩個非常流行的術語。在現代生物學的許多描述中，都可以找到字尾 -omics、-omic 和 -ome 的文字，它們是「整體性」的同義詞：順應這種趨勢，**基因體**一詞表示一個生物體所包含的整個遺傳物質，而**基因體學**指的則是研究基因體的科學。基因體學的整體理念代表著一種典範轉移：**遺傳學**著眼於個別基因，基因體學卻同時探索了所有的染色體。

研究基因體學的工具就像帶有 X 光照相機的無人機。在搜尋 DNA 內的可疑分子時，科學家和醫生們不再需要逐一搜尋每個染色體和基因：他們可以從鳥瞰圖快速掃瞄整個基因體，把目標鎖定在突變上；或者，他們可以比較不同人的全部 DNA，尋找影響個人性狀、疾病易感性，以及使我們與眾不同的其他特徵等在不同個體上的差異。經由基因體的研究，研究人員現在可以觀察到前所未知的遺傳機制，並且可以同時研究數百個而不是針對單一個基因的作用。基於實際需要，在本書中我將「遺傳學的」和「基因體學的」視為同義詞，但是你可以合理認為我描述的所有應用都是根據同時分析全部 DNA 而來，因此是屬於基因體方面的。

現今基因體的研究方法已經更加精進，除了逐漸取代用於研究和診斷遺傳疾病的舊技術，同時也為那些單純只是對自己的 DNA 感到好奇的健康人士提供一個服務的新管道。然而，儘管同樣重要，這個圖譜並不能反映人類的任何遺傳變異性，也無法解釋為何我們每個人都不一樣。相反地，它的設計並非個人化的，它是建立在由一群匿名個體所提供的 DNA 集合之上，因為它希望能夠代表典型的人類基因體——它是物種，而不是個人的參考。為了使基因體學變得個人化，我們必須從一個圖譜切換到其他許多圖譜上，將整體式參考變成可以解釋個體差異的工具。

差異的科學

　　我曾經夢過只有遺傳癡人才會擁有的春夢,其中最常出現的夢境是,有一天一位與我非常親近的超級名模突然問我:「哦,親愛的,你真的很優秀。你能不能告訴我,**我**需要改變多少DNA,才能成為像**你**一樣?」

　　就像你們想的那樣,我長得一點也不像選美皇后,但我還是覺得這裡有個相關議題,因為從我的夢境拋出了一個遺傳難題:到底在我DNA裡的哪一部分使我與超級名模、運動好手或好萊塢明星之間產生不同?你可以想像一個看起來與你截然不同的人,再透過設計實驗來解答:到底必須改變多少個字母,才能解釋你們之間的明顯差異?在解碼並比較了上千個個別的DNA之後,遺傳學資料就會給出答案,而且是會讓你感到驚訝的答案:如果讓你任意挑選兩個人,他們的DNA將會有99.5%到99.9%的相似度,這意味著每1,000個字母中平均只有1-5個字母有差別(數字根據不同的估算方法而有所不同)。如果我可以回到生命的最初階段,並且知道要交換哪些字母,我就可以經由改變我基因體的一小部分,將自己變成李奧納多‧狄卡皮歐、伊卓瑞斯‧艾巴ᵛ、史嘉蕾‧喬韓森或其他任何人的遺傳副本。

　　遺傳相似性是一條也能延伸到其他生物的通用規則。我們分別與黑猩猩、老鼠和香蕉有98%、85%和50%的共同基因。看看自然界中我們人類在面孔、膚色、外觀和其他性狀各方面的各種巨大差異,這幾乎是不可思議的事。每個人都不會將香蕉與猴子搞混,也可以將猴子與人類、我與超級名模區分開來。但是當你將差別放大到DNA層級時,情況就不一樣了。比較不同人的基因體就像玩「大家來找碴」的遊戲一樣:兩條看起來幾乎完全相同的序列,但是仔細觀察會發現有數百萬個小變異存在,像是乾草堆裡的遺傳針一樣。遺傳學家魂縈夢繫地尋找這些變異,因為它們有助於解釋人們為何

ᵛ 譯註:Idris Elba,英國男演員,曾獲選美國《時人》雜誌「2018年全球最性感男人」。

獨特，而個人基因體學的目標是識別它們，並瞭解它們是如何影響我們的性狀、易感性體質和健康。

　　進入單核苷酸多態性（single nucleotide polymorphism, SNP，發音為 snip）的世界裡，它是個人和消費者基因體學的生財工具。名稱不好瞭解，想法卻很簡單：SNP只是不同個人基因體中任一個位點裡存在著不同字母的差異。例如，如果我的DNA在某個位置具有字母「C」，而李奧納多・狄卡皮歐的DNA在相同位置具有「A」，那就是一個SNP（**變異**〔variant〕，這個名詞是SNP的同義詞，我將交互使用兩者）。如果比較許多人的DNA，你會發現某些變異比其他變異更為常見。讓我們使用一個例子來說明（以下序列只是為了方便說明而創立）：

　　你可以從下圖看到DNA某些點的序列因人而異（SNPs1和2），還有一些數量更為稀有的變異（加星號＊）。如果將分析範圍擴展到整個基因體，並且檢查上千個個體（這正是許多研究計畫已經做過的事情），你會發現一個類似的模式：某些SNP出現的頻率會高於其他SNP，意味著個別DNA在這些地方也有可能會不一樣。像人類基因體單倍型圖（HapMap）和千人基因體計畫等國際計畫已經比對了成千上萬不同族群的DNA，並幫助彙編了

李奧納多	...AGAGCACCATTGCCATGCATTCTAC＊...
塞爾吉奧	...A＊AGCCCATTGCCATGCATGCTAA...
史嘉蕾	...AGAGCACCATTGCCATGCATTCTAA...
伊卓瑞斯	...AGAGCACCATTGCCATGCATTCTAA...
莎莉	...AGAGCCCATTGCCA＊GCATGCTAA...
史努比	...AGAGCCCATTGCCATGCATGCTAA...

　　　　　　　　　　　　　　　Snip1　　　　　　　　Snip2
＊代表稀有變異　　　　（等位因子為A或C）　（等位因子為T或G）

dbSNP（單核苷酸多態性資料庫），這是迄今為止最大的SNP目錄，其中列出了每個已知變異及其在不同人類族群中的發生頻率。SNP僅佔人類全部DNA的一小部分，卻提供了令人難以置信的訊息，因為根據定義，它們是人類基因體中最有變化的部分。讓我們回到「大家來找碴」的隱喻，使用SNP就像和暗示解決方案的人一起合作：只要有SNP的存在，就好像有一支隱形的筆在DNA字母上畫圈圈，指出這個字母可能會因個體而異。[6]

　　有數以百萬計被稱為突變的罕見遺傳變異存在。突變和SNP之間的差別可能只是文字上不同的用語，因為突變、變異和SNP根本指的就是同一件事：因人而異的DNA字母，不同的只是它們在族群中出現的頻率。

　　在哪裡可以找到SNPs？它們在基因體中幾乎無所不在，有些在基因內部或附近，有些則位於染色體的非編碼區域，甚至位於粒線體DNA中。SNPs是所有當代DNA研究的主要部分，並出現在消費者基因體學的研究中，因為它們可以讓科學家們在尋找個體的遺傳差異時，快速地掃瞄基因體。

　　一個SNP分析的結果通常稱為**基因型**（genotype）。這個名詞有更廣泛的含義，用於我們能從一個人的DNA中獲得的任何資料集。但是在消費者基因體學中，它通常指的是你擁有哪些變異，例如具有SNP rs6152的A;G基因型的男性，患禿頭的風險會增加（A;G表示在這個位置上，某人的一個等位因子中有一個字母是「A」，另一個等位因子中有一個字母是「G」），而那些擁有A;A基因型的人則不太可能會禿頭。

　　隨著研究進展，大家都知道SNP並不是遺傳變異的唯一來源。Indels是英文插入或缺失（insertion-deletions）的縮寫，是由少於1,000個DNA字母的額外（插入）或遺失（缺失）文字串造成的個體差異。複製數變異（copy number variants, CNVs）與插入或缺失類似，但涉及更長的DNA文字串（等於或多於1,000個字母），可以包含一個或多個基因。[7]以前Indels和CNVs曾被認為是無關緊要的變異，現在則被認為和SNP同樣都是導致個體差異的重要原因。

　　另外一個變異產生不同變異機制的最新說法是所謂的表觀遺傳修飾（epigenetic modifications），這是一系列高層級的修飾，改變了染色體的結構。有愈來愈多的證據顯示這些機制在生物學上的重要性，我將在第17章〈唾液樣本的未來〉中討論這個主題。

2 表親，你好！——
在親戚搜尋器與人相遇

　　J.P.是一個40多歲有家室的人。在他個人資料中有一張帶著平靜微笑的照片，並且說明他住在紐約，在一家頂尖媒體公司上班。我們是居住在大西洋兩岸的陌生人，直到有一天，J.P.在23andMe上向我發送了一個交友邀請，我們才開始聯繫，就像你在臉書、推特或IG上和朋友們互動一樣。除了在這裡的社交聚會，並不是因為我們有共同喜歡的電影或音樂、我們念過書的學校或人們通常在社交媒體平台上分享的其他內容，而是因為我們的DNA。我是一個提供唾液樣本的受測者，期待能深入研究我自己基因體的秘密，甚至探索未來身體的健康狀況。只是我所接觸到的第一件事是因為我的基因而形成的社交網路，一部使我與世界各地陌生人展開接觸的DNA機器。

　　從我將我的唾液樣本寄往加利福尼亞州之後，當中發生了很多事情。當樣本抵達了目的地，我的DNA被萃取、解碼並寫入檔案之中。然後，一個

名為親戚搜尋器（relative finder）的應用程式，將我的檔案與所有其他客戶的檔案加以比較，顧名思義，這個程式是用來尋找家族成員的配對。

結果顯示，J.P.和我是第五代的表親。在歐洲某個地方（很有可能是在義大利的杜林附近，稍後還會再提到），我們有一個共同的曾曾曾祖父或曾曾曾祖母。但是每個人都有好幾千個遠房表親，而J.P.只是在我線上親戚搜尋器所找到人群中的一員，這些人就好像繁忙的臉書頁面上不斷冒出的新朋友一樣。如果我們回溯五個世代，並假設我們的每位祖先在他們那一個世代都有2.5個孩子存活下來，並且生育後代（研究人員認為這些數字是相當精準的平均值），那麼我們每個人都有多達4,700個第五代表親，這足以塞滿一個中型會議廳了。[8]

我的23andMe頁面已經開始漸漸湧現出人群：從最初的只有幾個朋友，由於愈來愈多唾液受測者加入該項服務，而親戚搜尋器也很盡責，現在規模已經擴展成為一大群人了。我的大家庭裡現在有1,800個成員，並且還在不斷增加，每個人都有自己的資料和一個「交友邀請」的按鈕，可以用來與他們聯繫。如果不是透過我們的基因體配對系統，那麼不論是在網上或是現實生活中，我永遠都不會和這群人相識。有一位第四代表親埃莉諾（Eleanor），根據附有完整照片的檔案顯示，她是烏克蘭和愛爾蘭裔的美國居民；還有一位住在費城的第五代表親，現年90歲的瑪麗，她來自和我母親出生的西西里島上的同一個城鎮；還有一位居住在加拿大的表親凱瑟琳（Kathleen），她是1981年透過人工受孕出生的小孩，所以她非常想要找到自己的生身父親。她在個人檔案中附上她自己和兒子的照片並附註：「我要的只是見見我的家人。」在義大利的第三代表親奧列里奧（Aurelio），他是60多歲的男人，我與他有一長段相同的DNA片段。我可以用幾十年的時間，以當一個沙發客的方式在世界各地旅行，藉機拜訪我所有的表親們。就算他們之中只有一半邀請我參加家庭慶祝活動，我可能這一輩子都會過著不斷參加婚姻、洗禮典禮、第一次聖餐、感恩節和畢業典禮的可怕生活。

我該怎麼面對這些準親戚？對我來說，他們到底是誰？

一個新的社交網路

我們將DNA技術與白袍關聯在一起，如專注於探索自然界運作的硬科學研究人員。從事預測、瞭解和治癒疾病的醫生，或是透過遺傳線索尋找兇手的犯罪調查人員。只是J.P.、凱瑟琳、奧列里奧和我，跟醫院或警察局都毫無關聯。當孩子們在看著網飛（Netflix）上的影集，廚房爐子上正煮著義大利麵的同時，我們這些普通百姓正搭乘地鐵或坐在沙發上，滑著手機找尋我們的親戚。我們將基因體當作數位世界裡的社交內容，就像在臉書或YouTube上共享照片、消息或影片一樣。

基因體社交網路標識著我們管理生物訊息的方式發生了典範轉移。我曾經以為我的基因體報告是一套診斷和預測性的檢測，最多是與我的醫生或最熟識的人討論的私事。但是現在我發現自己是在一個平台上，被迫與上千個陌生人共享我的基因體，這是一個充分成熟的DNA社交網路。23andMe的聯合創始人沃西基曾經總結她的公司道：「我想要我的基因體資訊，我想要利用它建立一個人際網路。」[9]

在某種程度上，親戚搜尋器所得到的結果都是正確的。它獲取客戶的DNA檔案並加以比對，告訴客戶他們彼此之間的關係有多親近。這個系統在科學上是可信賴的，但是我們的家庭歷史已經消失在久遠的年代裡，一旦建立了第一個聯繫，有關科學部分的工作就告一段落，開始進入記憶的部分了。為了確認我們的家族關聯，我和我的表親們需要藉著比對祖父母的姓氏、他們的祖籍、住所的遷移和我們已經知道關於祖先的一切，記錄下來代代相傳。在J.P.和我成為「朋友」之後，我們可以看到更多關於彼此的訊息，

就像使用任何社交網路一樣。在J.P.的檔案中包括一長串他已知祖先的姓氏
和出生地,希望他們能與我的祖先們配對,並且喚起我的記憶。他的某些
祖先來自義大利北部的皮埃蒙特(Piemonte)地區,這是我和我父親的出生
地,他和我有某些共同的家族成員,因此確認了我們的親戚關係。我很快就
發現,在這個不尋常的社交網路中,分享祖先的詳細訊息是社交網路禮儀的
一部分。諸如Ancestry.com之類專門平台的成立,使記憶部分的工作變得更
輕鬆,他們將你的遺傳資料和一個幾乎來自每個國家,包括登錄者、檔案和
家族樹的龐大系譜資料庫做交叉比對。

我和J.P.現在是虛擬空間裡的好「朋友」。他要我告訴他下次我什麼時
候會經過紐約,同樣地,他也承諾下次經過我所居住的托斯卡尼(Tuscany)
附近時會告知我。雖然我們還沒有見過面,但是我覺得在一起聚一聚、聊一
聊我們共同的祖先一定會很有趣。J.P.是個好人,然而僅憑真假未辨的遺傳
相似性,而不是靠著個人接觸來建立新的關係是一種嶄新、甚至有些令人
驚惶不安的嘗試。從統計學上來看,我從親戚搜尋器上找到的大家族成員有
1,800多個表親,其中還包括無聊的人,甚至罪犯!這些是我寧願一輩子都
不想要跟他們碰面的人。

為避免和我真正的親戚產生混淆,親戚搜尋器將我的聯繫者稱為「遺傳
學上的親屬」或「DNA表親」,這定義似乎是多餘的,因為「表親」和「親屬」
已經表示生物遺傳學上的連結。根據紐約哥倫比亞大學的社會科學家阿朗德
拉·納爾遜(Alondra Nelson)指出,形容詞「DNA」和「遺傳」也是不必
要的。她認為這種冗餘顯示出一種**不精確的譜系**,意味著親戚搜尋器上的人
們與我們有著遺傳學上的關聯,但與我們的「自然」家庭仍然有所區隔。[10]

當我檢視自己親戚搜尋器裡的資料時,很明顯地對它所建立的譜系有
種不踏實的感覺。就像臉書將網上的聯繫轉變為「朋友」來重新定義友誼
的概念一樣,23andMe還為我提供了一群新的陌生人,建議我可以將他們

視為家族成員，重新定義我們的親戚關係。在社交網路時代來臨之前，「朋友」一詞的定義是非常明確的，當時我們開始區分真正的朋友（我們當面認識的少數幾個人）和臉書上只是聯繫人的「朋友」。現在我該如何稱呼我在23andMe上找到的第三代或第四代表親們？他們是我的表親、遠親、路人還是其他？我仍然可以將某人視為家族成員的親緣標準是什麼？我們至今尚無合適的詞語或參考來定義這些新的遺傳學上認定的**準親戚**（pseudo-relatives），我們可能很難將他們與我們的真正近親成員區分開來。

DNA 大抽獎

　　親戚搜尋器究竟如何建立人與人之間的家庭聯繫？一個直覺的答案——基因體愈相似，人與人之間的親緣關係就愈接近。事實上，要評估兩個人之間有多近緣的程序更為複雜。如果回溯了夠多的世代，我們都會有一些共同的祖先。而且，無論人們是否有親戚關係，人類DNA的分化程度都不算大，我們將在後面看到證據。因此，我們無法僅靠計算人們共有的DNA字母來建立家庭連結，因為在這麼小的差異之下，所有人之間的親緣關係似乎都很接近。

　　親戚搜尋器並不比對字母的序列，而是先將每個染色體分成多個大區塊，估算它們在個體之間的差異，並據此推算親緣關係。兄弟之間有數百萬個字母的DNA共同片段。和第一代表親之間的共享區塊較少、較短，依此類推一直持續到第十個世代左右，這個搜尋系統便無法再追蹤任何家庭親戚。這是由於你可能在中學時曾經學習過的一種，稱為**互換**（crossing over）的遺傳現象所致。

　　在形成卵子和精子時，一對分別來自母方和父方的染色體在分開的過程中會發生互換。有關互換的分子細節很複雜，但是你可以將它想像成一部浪

漫戲劇的高潮，細胞系統想要將它們拉開，母方和父方的染色體卻彼此緊緊相連，像戀人一樣不願意分開。最後的擁抱是如此充滿激情，母方和父方的染色體會交錯在一起（因此英文稱為crossing over），然後彼此交換自己的一部分：每個父方染色體將從同源母方染色體中獲取某些DNA區塊，同樣地，每個母方染色體也將從同源父方染色體中獲取某些DNA區塊。

這個過程讓遺傳卡片重新洗牌，並且在每一個世代中產生無數的染色體組合。如果沒有互換，染色體將會以單一大塊代代相傳。後代的基因組合將會非常有限，遺傳學會變得很單調，物種將沒有足夠的遺傳變異來演化、對抗感染且無法承受環境的改變。[11] 你現在知道這種遺傳重組在「親戚搜尋器」裡是如何地有用：兄弟之間只有一個互換的差別，表親之間差別兩個互換，依此類推。經由估算被稱為「同源相同性」（Identical By Decent, IBD）的相同DNA片段的數量和長度，這是一個可以得知兩個人之間有多少個互換事件差別的演算法，並據此建立他們之間的親緣關係。

雄性Y染色體是一個引人注目的例外：由於它在雌性中並沒有互相對應的染色體，因此不受互換的影響，代代之間的遺傳幾乎不變。我的兄弟和我都從父親那裡繼承到相同的Y染色體，我父親又是從他父親那裡繼承的……等等。我們會看到這個特性對於追溯已有數千年的父系歷史非常有用。

家庭骨架

在2013年的喜劇電影《百萬精先生》（*Delivery Man*）中，文斯·沃恩（Vince Vaughn）所飾演的大衛·沃茲尼亞克（David Wozniak）是個捐精者，意外地成為533個孩子的生父，這使他很難在現實生活中隱藏自己的真正身分。這部電影沒有提到DNA社交網路，但是如果主角也上網去註冊一個帳號，那麼他為保護隱私做的所有努力，從一開始就將註定白費。如果說有一個類別是特別為「親戚搜尋者」所保留的驚喜，那無疑地就是捐精者及他們的後代。

出生證明可能會因年代久遠而泛黃且被丟失，姓氏可能會被拼錯，但是我們的DNA世代相傳地保存著我們的起源記憶，就像染色體上收藏著的黑盒子一樣。我們有可能是來自兩個匿名提供者在一個培養皿中受孕的結果；我們也可能已經與生身父母分離了；我們選擇或無可避免地與親戚們保持距離；我們也可能移民到世界的另一端；我們甚至可以更改自己的姓名、身分和個人的詳細資料：總是會有一段DNA線索可以追蹤我們的譜系。儘管許多國家的精子銀行都會保證大家的匿名性，但是如果將一對父子或兩個兄弟姐妹的DNA檔案，上傳到同一個基因體社交網路中，系統會立即發現他們的關係，並顯露給那些有心關注的人士。

早在2005年就有報導指出：一個15歲的男孩是第一位將他的DNA傳送給網上系譜服務來找尋生身父親的人。他的父親是一個被承諾匿名的捐精者，這種情況現在非常普遍，以至於在2016年有一篇發表在《人類生殖》（Human Reproduction）雜誌上的科學論文正式宣布終止對捐精者的匿名措施。作者寫道：「所有有關方面必須意識到，從2016年開始，不再對捐精者提供匿名服務。」[12]

即使你從未使用過基因體的服務，而且你的DNA資料也不在資料庫中，你的後代還是可以利用從基因體社交網路上收集到的訊息，進行三角剖分來追蹤你。許多被收養者和供體受孕者的孩子，透過詢問而從他們的DNA檔案中找到的表親或同父異母兄弟的聯絡網路，並收集其原生家庭的訊息，找到了不在系統中的生身父親。

隨著消費者基因體學的興起，家庭重聚的感人故事的數目，正在網路上激增。其中一個出現在我眼前的故事是：當一位用戶名為嬉皮媽媽的51歲女士在親戚搜尋器上發現她的生身父親，並不是那個撫養她長大的男人時，這

位女士在我所關注的遺傳論壇上寫下了自己的故事，本著最優質的社交網路精神，數百名用戶就如何與生身父親取得聯繫，提供了道義上的支持和技術上的建議。故事的結局很美好：嬉皮媽媽女士（後來透露了她的真實姓名和住在美國喬治亞州的訊息）最終不僅找到她的生身父親，甚至也找到她的生身祖父母（一對精力充沛的老夫婦），並且與他們建立了非常良好的關係。

然而，人們可能會想知道，在每一個幸福結局後面，究竟有多少故事是以創傷或眼淚告終。事實上，在多年的結果分析中，嬉皮媽媽的情況並不少見。大多數遺傳學家都認為，實際上有2%到比10%略多的父親身分被錯配，這為「媽媽是可以確定，但父親卻不一定」（*Mater semper certa, patter semper*）的古老拉丁法則提供了科學支持。這些數字意味著成千上萬的唾液受測者，會有發現他們認定的父親並不是生身父親的風險。同樣地，成千上萬的人可以在「親戚搜尋器」上看到「爸爸你好！我想要跟你碰面！的訊息。♥♥」[13]

《波士頓環球報》（*Boston Globe*）在2019年報導宣稱，支持找尋真正父親的唾液受測者的團體數目正在增加。來自德克薩斯州的凱瑟琳・聖克萊爾（Catherine St Clair）的遭遇與嬉皮媽媽女士相似：當她發現自己一輩子稱呼為「爸爸」的人，其實並不是她的生身父親時，她已經55歲了，這個消息對她來說真的是晴天霹靂。從那之後，她成立了一個網上支持團體，這個團體在撰寫本文時已經有5,000多名成員：「我們瞭解到50到70年前是一個不同的時代，而且從來沒有人想到能夠以如此科學的方法輕易地解開這些秘密。然而，我們現在正在感受到這些意外發現所帶來創傷的衝擊。我們希望藉助這種嶄新且操作容易的技術，會繼續改善我們對文化的態度，『非法』的烙印將消失。」這是聖克萊爾在其網站上所寫下的字句。[14]

你可能會認為父親身分的錯配，會讓使用親戚搜尋器的人們卻步，結果卻恰巧相反。許多人，尤其是那些知道或懷疑自己是被收養的人，或者那些對他們的真正家人有疑慮者，都有一個明確的目的去使用網上基因體的服務，試圖找出自己的生身父母或兄弟姐妹。23andMe公司甚至鼓勵家族成員進行檢測，「以促進他們和親戚們的交流」，最後還有一個與兄弟姐妹和家族成員真實而快樂的重聚結局的版面。

然而對於某些人來說，這種經歷真的是一場噩夢。在2014年，美國一對已婚巴納姆夫婦帕姆（Pam）和約翰（John）將他們和女兒安妮的唾液樣本一起寄給23andMe時，他們沒想到會因此揭露一起全國性醜聞。透過親戚搜尋器的搜尋結果發現，約翰居然並沒有在安妮的「DNA親戚」名單中被列為她的生身父親，這個結果讓大家對這個家族的成員組成產生疑慮。安妮（當時20多歲，原本應該是經由使用帕姆的卵子和約翰的精子在體外受孕的小孩）擁有一個表親網路，只是這些表親與她父親的表象根本不符。在一位系譜學家的建議下，巴納姆夫婦將安妮的唾液樣本寄送給其他DNA系譜平台，直到他們發現她的生身父親居然是曾經在猶他州一家生育診所工作的湯瑪士·利珀特（Thomas Lippert），巴納姆夫婦幾年前曾經在這個診所做過人工授精手術。據稱，利珀特用他自己的精液取代了約翰和其他許多捐獻者的精液。結果顯示，在精子調包事件被揭發之前已經亡故的利珀特，是有過酗酒史的教授和被定罪的重刑犯，而且還曾綁架一名女學生以進行心理實驗。

這一發現引起了媒體的憤慨，讓生育診所不得不發出道歉聲明，並且重新審查其做法。總體而言，這並不是家族在看到公司網站上所表明的那樣「促進與親戚們的交流」之後所期望的結果。[15]

從醫學角度來看，分子系譜學很可能是立場中立的——它不提供與健康直接相關的訊息，但是仍會有很多的意外到來。到目前為止，我在親戚搜尋器上只找到了遠親，但是隨著資料庫變大，我可以排除意料之外的孩子或兄弟姐妹來造訪我虛擬的個人檔案嗎？我一直信任的父母，但是我能百分

之百保證他們從來沒有過婚外情嗎？我要如何確定在未來的某一天，不會有同父異母或同母異父的兄弟姐妹，突然從地球的某個角落冒出來？我當然不能。無論你的想法多麼天真，當你在著手尋找遠親時，總會發現遺傳傳承的意外和令人震驚訊息的風險，你最好要有心理準備。

僅次於情色

　　1979年，麥可・傑克遜（Michael Jackson）發行了他的突破性專輯《瘋狂》（*Off the Wall*），當時英國正發生1926年以來最大的公共部門罷工，柯梅尼（Ayatollah Khomeini）返回伊朗，航海家一號太空船拍攝了木星的光環。同年，哈佛商學院的一名年輕學子丹・布里克林（Dan Bricklin）開發了第一個在個人電腦上執行的電子表格軟體Visicalc。在此之前，從來沒有出現過類似的程式，成千上萬的人購買個人電腦，只是為了能夠在電腦上執行這個軟體。這個電子表格將家用電腦從書呆子的玩具轉變為「必備」的商業工具，從而導致整個產業的爆炸式增長，並促成該行業加入改變世界的革命行列。在行銷術語中，如果某個應用程式非常有用或合乎需要，因而決定一項技術在商業上的獲利，則稱其為「殺手」。史蒂夫・賈伯斯（Steve Jobs）後來認為Visicalc是電腦時代的「殺手級應用程式」。[16]

　　系譜學在DNA時代相當於當年的Visicalc，這是一個將遺傳檢測從早期只有幾個嘗鮮者轉變成了流行產品的殺手級運用。在消費者基因體學問世之初，每個人都認為醫療應用將成為吸引客源的主力，但事實證明，當今世界上大多數消費者購買DNA檢測套組的原因是追尋根源和尋找親戚[17]。在DNA檢測之前，系譜學就已經是一個受歡迎的活動並擁有廣大的全球市場。在美國，它是僅次於園藝的第二大常見嗜好，而系譜網站是僅次於色情的第二大造訪類別。系譜愛好者社群估計有9,200萬人，大多數人居住在北美、澳大利亞和英國，並且在澳大利亞、加拿大、德國、瑞典、英國和美國，約有36%的線上成年人使用網際網路來瞭解自己的家族歷史。根據歐盟的一份報告指出，歐洲人對系譜的花費投資和興趣也在呈指數倍成長。有一部由英國廣播公司以系譜為基礎的紀錄片系列，《你認為你是誰？》（*Who Do You Think You Are*），播出後造成大轟動，在18個國家／地區發行了13季的國際版本。[18]

另一方面，消費者基因體學徹底改變了系譜學的產業。總部位於猶他州的Ancestry.com和位於以色列的 Myheritage.com是兩個最大的系譜網站，在DNA檢測套組問世之前，他們的資料庫裡就已經建立了4,500萬筆家譜記載，就像一些名字讓人聽起來不舒服的小型公司（如Findmygrave.com）或是擁有1,800萬訂戶、由英國人經營的網站Findmypast.co.uk一樣。Ancestry.com和Myheritage.com是最早提供DNA血統檢測的公司，如今都已經發展成為擁有數百萬個唾液受測者的遺傳社交網站，這是一個幾乎所有系譜探究公司都會緊隨其後的趨勢。

在一個充滿了家庭歷史學家與健康有關消費者的世界，DNA檢測正在努力找尋一個成功的市場，系譜學吸引愈來愈多的客戶加入將口水吐到試管的潮流之中，並已成為整個產業最大的驅動力。此外，消費者基因體學已經不需要其他促銷方式了。根據美國疾病控制中心的資料，系譜DNA檢測套組的使用，也同時推動了其他類型的遺傳檢測使用，尤其是它們被捆綁販售時。[19]

3 再度披掛上陣的
亞當與夏娃——
追隨你們遙遠的祖先

「人類並不以祖先自豪，所以很少邀請他們到家裡聚餐。」
——道格拉斯・亞當斯（Douglas Adams）

　　有一群人在一條荒涼、塵土飛揚和危險的道路上緩慢前進。懷抱著嬰兒並抓緊武器的同時，每個人臉上都滿是謹慎和恐懼的表情。運氣好的時候，他們會有肉吃，但主要還是以水果、種子和蛤蜊為食。他們是生活在6萬年前非洲之角（現今索馬利亞半島）的智人。他們的文化尚未開發，技術都很粗淺，但是他們的DNA、生物學和大腦卻和我們現代人一樣：如果他們之中有一個後代生活在現代，不論男女都會像任何其他小孩一樣上學、騎自行車和使用手機，說不定有一天還會設計出一種新產品。他們的祖先已經在非洲開枝散葉、繁衍了數千年，由於他們的精明才智和創造力，族群幾乎遍及整個非洲大陸。他們之中有許多人會設法在那片大陸上生存和繁衍生息，直到今天仍留有後裔，但是這一群人並沒有留下來。這些人飢腸轆轆、受到驚嚇。他們是這片幾乎沒躲過全球氣候災難、荒涼土地上，一群絕望的倖存者。

位於北方的歐洲，氣溫下降使大量的水結冰，將他們隔離，也讓非洲的氣候變得乾燥。草原幾乎變成一片沙漠，居住在那裡或至少其中一部分的居民一直在四處尋找更適合的地方，只是世世代代都被困在非洲東海岸，就像這一群絕望、到處遊蕩，無奈地望著面前紅海的人們一樣。

這一群人中的某些人最終做出至關重要的決定：他們將不再只是盯著大海，而是直接越過它。我們無法精確地定出人類離開非洲（out-of-Africa）的時間，但是根據大多數人的估計，這大約發生在6萬～8萬年前。我們甚至不知道這些智人是如何渡過紅海：也許他們搭原始的獨木舟從水域比較狹窄的索馬利亞半島島岬出發，或者他們北上走陸路到達阿拉伯半島，也可能有許多智人分批離開非洲，只是都滅絕了。但是可以確定的是，有一小群人平安抵達當時充滿水和森林的阿拉伯半島，並從那裡擴散開來，所以今天非洲以外的人口都是那些被迫離開和絕望外移人士的後代。這些事可以從我們的DNA中得知，就像一個黑盒子一樣，它仍然帶有人類數千年以來遷徙的痕跡。[20]

生命之河

演化學家理查・道金斯（Richard Dawkins）在他的《伊甸園外的生命長河》（*River Out of Eden*）書中將我們的基因比喻成一條經過數千年演化、帶有訊息、分支成為數百萬的小支流。某些小溪流已經乾涸，其他的則繼續緩慢地流動直到現今。經由檢查現代人類的DNA，我們可以溯至上游，並發現我們的遺傳根源。[21]

盧卡・卡瓦利－斯福扎（Luca Cavalli-Sforza）因為從1950年到上個世紀末幾十年間的開創性工作，因此被尊為**基因地理學**（genography）之父。這是一門調查族群裡DNA多樣性與歷史的科學。自有人類以來，遷徙、人口危機、甚至持續發生的自然災害，這一個遺傳痕跡現在都可以從現代人的DNA中看到。像卡瓦利－斯福扎這樣的基因地理學家花了很多年時間環遊世界，並且分析來自不同人類族群的DNA。至今仍有許多基因地理學家在從事這項工作，甚至從地球上最封閉的社會中獲取遺傳訊息。消費者基因體服務也收集了數百萬個從唾液受測者得到的DNA樣本，從而增進了人類遺傳史的知識。

誠如我們所知道的，「親戚搜尋器」最多只能回溯到十個世代，這大約是200年的時間。與人類歷史相比，這只是一眨眼的時間。如果要將我們的遺傳歷史追溯到大約1,000年甚至10萬年前，需要擴充我們的工具庫，並且尋找能夠將我們的DNA與我們的遠祖聯繫起來的線索。雄性的Y染色體便是其中一種工具（它的得名來自於在顯微鏡下看到時，它所呈現的特殊形狀）。Y僅包含200個基因，與人類其他任何染色體相較，只是很小的一部分，但是它從父親到兒子之間幾乎是原封不動地傳遞，這對系譜學家來說是一件很有趣的事情。儘管所有其他染色體都參與遺傳物質的互換和重組，但是Y這個小淘氣，並無其他染色體可以配對，因為雄性只有一個Y染色體，而雌性則沒有。在一連串的熱鬧互換過程中，Y染色體像畢業舞會上的傻瓜一樣獨自待著，因此，除非發生偶發性突變，否則它會像家族遺物一樣，完整地沿著父系傳遞。我的Y染色體與父親、祖父、曾祖父等家族男性成員相同。如果我有一個兒子，他將遺傳我的Y染色體，並將它傳承給他的兒子。Y染色體是追蹤父系很棒的工具，聽起來似乎是很不錯的選擇，但是它的缺點在於僅適用於男性。

母系的線索則是由一個隱藏在粒線體內奇怪且重要的環狀DNA所提供，這個小結構的功能就像個化學電池，提供細胞能量。粒線體DNA（mt-DNA）具有兩個對系譜學家有用的特性。首先，它僅由母系繼承：這是因為精子沒有粒線體，而卵細胞中有許多粒線體。另一個有趣的特徵是，就像Y

染色體一樣，粒線體DNA不會參與互換，並且沿著母系保持不變的傳遞下去。我的粒線體DNA與我的母親、祖母、曾祖母等相同。從這個意義上說，粒線體DNA就像是Y染色體的母體對應物：它提供了我們的母系沿著人類歷史發展的線索。此外，粒線體DNA在細胞中的數量非常充足，而且與染色體DNA相比，它更容易從木乃伊或骨骼等古代人類遺骸中萃取，這使得它很受古人類學家們的青睞。

遠祖（deep ancestry）的第三個要素是時間。基因體裡的每一個部分，包括Y染色體和粒線體DNA都會隨著時間而累積突變，就像生物時鐘一樣。對於世界上大多數人來說，具有古早的突變是很常見的，近代的突變則是某些特定人群的典型特徵。科學家們追蹤這些突變，重建了人類的系統發生樹（phylogenetic tree），這始於第一個智人，之後開枝散葉、形成現今人類的不同小支流，就像道金斯的生命長河一樣。突變被歸類到稱為**單倍群**（haplogroup）之內，每個單倍群都是可以用於鑑別演化長河中一個分支的分子條碼。在數千年間，每次的遷徙、冰河、沙漠、飢荒、無法翻越的山脈、海洋或其他自然屏障，都將人類族群分隔開來，導致他們的DNA產生分化，並且在粒線體DNA和Y染色體中形成了新的母系和父系的單倍群。

你好，影響重大的媽媽！

以單倍群做為標記，我們可以在生命長河中追溯、並且找出令人驚艷的發現，例如：人類所有的單倍群都可以追溯到我們都是來自一個男人和一個女人。用遺傳學的語言來說，這兩位祖先被稱為「最近的共同祖先」（Most Recent Common Ancestors, MRCA）。而在新聞界，他們通常被稱為「遺傳學上的亞當和夏娃」。

在任何創造論者高聲歡呼之前，讓我們先澄清一點：這兩個共同的祖先與同名的聖經人物無關，他們並不是世界上的第一對夫婦，只是兩個假設的個體，我們今天所知道的所有母系和父系的遺傳支系都可回溯到此。這兩位祖先的存在是無庸置疑的，但只是成千上萬的非洲人口中的兩個個體。此外，他們從未碰過面。因為……他們的生存年代相距數千年！根據最近的研究，研究人員認為，我們的母系和父系最近的共同祖先們，分別生活在大約16、17萬到30萬年前的非洲。[22]

按照道金斯的比喻，MRCAs是我們透過所有單倍型所能追溯到生命長河最高點的分支。即使我們知道就算MRCAs也有父親、母親和祖先，我們也無法推得更遠了。在偶然的情況下，我們只發現兩個最近的MRCA。由於某種原因，到目前為止，只有一個母系和一個父系的支系得以倖存，而其他所有支系都滅絕了，就像我們假想中生命長河裡乾涸的溪流一樣。[23]對「遺傳夏娃」，除了她的粒線體單倍群稱為「L」（單倍群都用一個字母標識）之外，我們所知甚少。我們還知道，她至少有一個活到成年的女兒，且女兒至少生育一個女嬰，依此類推，直到今天，因為她的母系支系一直流傳到現在。

我們對「遺傳亞當」也不太瞭解，除了他的Y染色體攜帶單倍群A，並且他一定有一個兒子，且兒子至少有一個兒子，依此類推，繼續維持一個連續的父系支系，直到現在。我們的母系和父系支系都在非洲出現並非偶然：根據所有研究指出，這是第一個智人在距今20萬到50萬年前出現的地方，我們都以某種方式起源於非洲。

來自未來

許多公司提供了探詢遠祖的應用程式，這些應用程式可以查看你的母系

和父系單倍群，這相當於跳上DNA時光機以探索人類的歷史。

我的母系單倍群被稱為I-1，我一定是從單倍群I分支出來，它可以追溯到2萬多年前，住在中東或高加索地區的一個女人。單倍群I是單倍群N的一個分支，N與M是共同起源於一個更古老的L-3非洲單倍群的兩個分支，而L-3又是來自我們的遺傳夏娃所擁有的L單倍群。僅需四個步驟（I-1、N、L-3和L），就像一部倒轉的縮時電影，我的DNA旅程將我帶離現代，回到了18萬年前我們的非洲女性最近的共同祖先。

N和M二個分支在人類離開非洲後，約5萬9千年前起源於阿拉伯半島，因此是所有非非洲單倍群的祖先。帶有單倍體N的族群向北移動至安納托利亞（Anatolia，今日的土耳其），最終抵達歐洲。[24]另一方面，帶有單倍體M的族群向東到達印度尼西亞和大洋洲。在今天的撒哈拉以南的非洲族群中，如班圖人（Bantu），仍然可以發現和遺傳夏娃有著相同的L單倍群。人類離開非洲時，他們只帶走了當時遺傳變異組成中的一部分，這些變異至今仍然可以在非洲族群中找到。這就是為什麼非洲擁有比其他任何大陸更多單倍群的原因，而且它是人類遺傳多樣性最高的地區。

如你所料，我的母系和父系單倍群的故事並沒有重疊，因為它們來自不同的祖先，只是它們像所有其他人類一樣最終都在非洲匯合。我較近的父系分支在1,800年前「就」已經出現了，很可能是來自一個具有德國血統的男人，它讓一個在我家族中流傳的古老傳說，即我父親是伊特魯里亞人（Etruscans）後裔為之破滅（伊特魯里亞人的單倍群不同於我的單倍群），我比較有可能是一個羅馬帝國時代野蠻人的後裔。說也奇怪，我的個人遺傳檔案顯示我有愛爾蘭的血統，可能與尼爾上王（Niall of the Nine Hostages）、愛爾蘭國王和在第6到第10世紀時，統治了愛爾蘭的北半部伊尼爾（Uí Néill）王朝的祖先們屬於同一個父系。尼爾可能只是一個傳說人物，而不是真實的歷史人物。但是伊尼爾王族的確存在，而我的Y染色體資料也顯示，我可能與那個古老的愛爾蘭王朝有所關聯。但是在我聲稱自己擁有貴族血統並蒐尋我的定位之前，我必須留意一件事情，有研究報告指出，尼爾可能是愛爾蘭歷史上生育最多後代的人：據估計有二、三百萬具有愛爾蘭血統的男人都是來自他的父系後代。[25]

尼安德塔人的追求

從遠祖甚至可以追蹤歐洲最早人類（*Homo neanderthalensis*，也被稱為尼安德塔人〔Neanderthal〕）的蹤跡，即使他們和我們分屬於不同的物種（某些研究人員認為尼安德塔人和智人是不同亞種——一個科學術語代表「種族」——而不是不同的物種）。尼安德塔人身體健壯，非常適應寒冷的氣候，比他們的表親智人更早活躍在歐亞大陸，這兩個族群曾經比鄰而居、共同生活了數千年。這讓專家們很想知道他們是否會相互婚配，從而融合了部分基因。2010 年，一個國際聯盟利用尼安德塔人的古代骨骼建立了完整的 DNA 圖譜之後，再與現代人類加以比對，得到了一個答案。結果發現我們的 DNA 中還留存有部分尼安德塔人的基因，在非非洲人群基因體裡約佔 2-4%。由於生殖是人類混合 DNA 唯一的方式，因此在過去的某段時間裡，曾有尼安德塔人和現代人類的異性之間彼此看對眼。如果你看過尼安德塔人的立體模型，可能會對這種說法表示懷疑，但是 DNA 不會說謊，而且人類反正也從來不會對發生性關係的對象過於挑剔。[26]

基於這些發現，許多消費者基因體學套件比對你的 DNA 與尼安德塔人的 DNA，並且告訴你與他們有多少共同基因。實際數字接近於零，因為我們不知道我們的哪些特徵是由尼安德塔人的基因所決定的：如果你矮壯、多毛且前額傾斜，這很可能是由於智人基因的變異而不是尼安德塔人 DNA 的影響。但是這個應用程式很好玩，許多人發現它很有趣，因為可以顯示他們在社交網路上的尼安德塔人血統的百分比。這就是為什麼我不由得發推文說：「我是3.6%的尼安德塔人！」

4 遺傳學上的雜種——
文化種族、外型種族和
你的基因

我參加了一項血統 DNA 的檢測，以瞭解我能避免哪些尷尬。
——塞門・金（Simon King），《不為人知》

　　蒼白、修長、白鬍子、目光堅定、喜歡槍枝，保羅・克雷格・科布（Paul Craig Cobb）是你所能想像會在白人至上主義集會上不期而遇的那種人。科布在美國是著名的種族主義思想家，有著大量的狂熱追隨者。他擁有在網上宣傳仇恨言論的記錄，甚至曾經嘗試將北達科他州的里斯（Leith）小城，建立為「完全都是白種人」的小鎮。科布在 2013 年同意在日間電視節目《特麗莎・戈達德秀》（*Trisha Goddard Show*）中接受 DNA 檢測，成為科學與種族主義爭議中時勢所逼的英雄。他原先的意圖是想要透過檢測來證明他具有純正的「歐洲」（又稱「白人」）血統。結果卻大出意料：科布的 DNA 顯示，他的祖先只有 86% 的歐洲人血統，另外有 14% 是撒哈拉以南非洲人血統。

　　在這一集的節目裡，柯布的遺傳結果是由穿著時髦、出生於英國的非洲

裔主持人特麗莎‧戈達德親手交付。這支影片在YouTube上已經被點閱超過數百萬次,是對種族主義者愚蠢度的有趣實際展現。戈達德說:「親愛的,你身上有些黑人的血統耶!」在攝影棚觀眾的笑聲中,她還戲稱柯布為「兄弟」。根據記者的形容,「白人至上主義者科布穿著深色西裝、繫著紅領帶,信心十足地參加日間的電視節目,一聽到DNA檢測揭露了他的血統之後,他的反應像個校園中輸不起的人,這是一個戰勝種族主義者的不尋常時刻。」[27]

　　幾十年前就已經有文獻指出,人類種族之間存在遺傳差異的事實,如今唾液受測者已經可以使用許多公司提供的報告直接來檢驗此一科學事實。

染色體的繪本

　　許多DNA消費者套件提供類似於發現科布血統的文化種族報告。這些應用與之前提及使用粒線體和Y DNA的應用有所不同。文化種族報告的目的不是追溯你過去千年的遠祖,而是估計你與現今族群的親緣關係。不像使用粒線體和Y的序列只能代表基因體的部分基因,文化種族演算法是將整套染色體與來自已知文化種族來源者的大型DNA資料庫加以比對。你可以視之為一套可以擴展到族群層級的親戚搜尋器,並調整以檢測非常遙遠的親緣關係。家族成員來自同一地區的人比和來自遙遠地區的人之間的親緣關係通常要近一些,因為他們有更多共同的祖先。

　　某些公司會將你計算出來的文化種族差異,以圓形圖或列表來表示;有些則更深入,讓你看到染色體的祖先圖譜,其中每個片段根據其種族來源來著色。

　　這些分析說起來容易,做起來困難,因為染色體的每個部分基本上都有不同的來源,但是電腦演算法可以將每個片段與資料庫好好地加以比對,並且計算出究竟與哪一個區域可能有較高的關聯。在大陸（如歐洲和亞洲等等）這個層級的結果在統計學上是可靠的，但是如果縮小範圍往地區探討細節，結果就愈模糊。在英國與德國或義大利等精確層級祖先之間進行區分並不一定準確，因為在大多數國家層級的族群有祖先重疊的疑慮。而且某些種族，如遠亞[i]人，在唾液受試者資料庫中的代表性不足，因此更難識別。[28]

分析結果也因更改分析參數而大不相同（23andMe、Ancestry 和其他一些網站，都可以透過這些稱為信賴區間的設定來操弄），結果可能會大不相同。許多公司預設的信賴區間為50%：這意味著你從電腦上獲得正確血統的機率只有一半！如果設定更高的閾值，並選擇僅顯示具有90%正確機率的結果，那麼你的血統形式可能看起來很普通，染色體裡的許多部分都會被標記為「未指定」。反過來，如果將信賴區間值設得較低，你將獲得更多的血統可能性，但是想要僅憑表面上這些證據就信以為真，未免太牽強附會。隨著愈來愈多的研究探索人類的生物多樣性，以及更多不同來源唾液受測者的加入資料庫，結果將變得更準確。

以我本身的例子來說，某些估算有非常出色的準確性。這個系統除了我提供的DNA之外，對我一無所知，卻能正確地推斷我大多數的近緣祖先都來自西西里島。我從未在西西里島住過，我的口音很明顯地可以聽出我是托斯卡尼人，但是我的母親出生在西西里島，而且是來自一個世代居住在西西里島的家庭，因此我至少有一半的DNA可以毫無問題地追溯到那裡。為了獲得如此精細的結果，演算法還使用了我親戚搜尋器的結果：根據定義，我和我的表親們有近代的共同祖先們，經由比較他們的與我的家庭資訊，我可以更精確地斷定祖先的起源，甚至在地圖上定位他們。綜觀所有的系譜應用程式，還有諸如親戚搜尋器之類輔助工具的運用，正逐漸提高估算值的精確度。

---

i　譯註：廣義的遠亞包括西伯利亞、中國大陸、日本、韓國、中南半島、巴基斯坦、菲律賓、印尼和婆羅洲。

在我的血統全染（ancestry painting）裡，我的DNA大部分是藍色的——這代表來自「歐洲」，但也散布著紫色（「西亞和北非」）和紅色（「撒哈拉以南的非洲部分」）——這是會讓柯布覺得不自在、但在具有歐洲血統人士中也經常發現的片段。很多藍色標記的片段只是確認我的DNA與其他具有歐洲血統人的DNA相似。我最近的祖先來自義大利：我有一個來自西西里島的母親，一個來自皮埃蒙特的父親，以及來自西西里島、皮埃蒙特和托斯卡尼的祖父母。

文化種族的套件包括一個時間表，將我回溯了幾個世代，並且計算了我最近祖先的起源。僅僅回推四個世代，我的族譜就成為一個精彩的遺傳混合：1800年代初期我的曾曾曾祖父母或外曾曾曾祖父母有可能是包括具有西班牙、葡萄牙、希臘、巴爾幹、西亞、非洲和阿什肯納茲猶太[ii]血統的人。這些推斷是統計資料，可能並不完全精確（無法檢驗我已過世祖先的實際DNA）。但是它們反映了我們人類的遺傳學，任何人回溯幾代，就會發現一種混合起源的遺傳身分。這使我想到一個只要是唾液受測者遲早都會問的問題：如果我們的DNA起源是如此地混亂，甚至連我們最近緣的祖先也都來自不同的地方，那麼一個人怎麼可能只屬於某個種族呢？

答案很簡單，但許多種族優越論者會不喜歡這個答案：人類根本就沒有種族區分這回事存在。

種族是什麼？

在身為族群遺傳學家的學術生涯中，吉多·巴布賈尼（Guido Barbujani）收集了來自各大洲人們的DNA，在現代義大利人中尋找伊特魯里亞基因的

---

ii 譯註：Ashkenazi Jewish，指的是源於中世紀德國萊茵蘭一帶的猶太人後裔。

遺跡，他甚至前往阿根廷幫助鑑定在 1970 年代後期，因持不同政見被軍事獨裁統治者殺害並遺棄的失蹤人口遺骸。

巴布賈尼是義大利費拉拉大學（University of Ferrara）的教授，並曾在紐約的石溪大學（Stony Brooks University）短期任職，以宣揚和公共傳播其科學著作，證明人類遺傳學上不同種族的理論是假的而聞名。在他所謂的「種族檢測」中，巴布賈尼經常展示來自不同族群的照片，並要求他的學生們或公眾組成團隊猜測照片中人物的種族，並指出採用的鑑別特徵，如深色皮膚、細小的雙眼、小鼻子和光滑的頭髮等等。每個小組根據他們選擇的標準，通常會得出不同的分類。當遊戲結束，揭曉人們的實際身分時，參與者會發現他們的猜測常常是錯誤的。例如：那些按照膚色進行分類的人會發現，奈及利亞人在外觀上比英國威爾斯人看起來「更白」，而那些以眼睛和鼻子大小作為判別標準的人，則覺得亞洲人的眼睛比歐洲人大，而喀麥隆女士們的鼻子則比巴黎人更嬌小，挑戰文化種族裡的每一個老生常談。[29]

對於巴布賈尼和他紐約大學的人類學家同行，也是《種族檢測》（Race Test）一書的共同作者陶德·迪守泰爾（Todd Disotell）而言，這個遊戲讓人想起了數百年來科學家們在試圖定義人類種族時所做的事情。長久以來，學者們根據人們的膚色、眼睛、頭髮的顏色、頭骨的形狀、身高、血型和數十種其他生物辨識標記對人做區分。每次都很確定他們的歸類是有科學根據的，只有使用其他不同的研究方法時，才可能被證明是錯誤的。巴布賈尼在他的研究中列出了許多這些未能建立人類種族名錄的失敗例子，這些錯誤的嘗試都經不起時間和科學的檢驗。研究 DNA 時代的到來只是讓種族主義者更加尷尬：某些遺傳標記在族群中發生的頻率不盡相同，但不會僅在一兩個族群中發現，因此不可能建立任何相隔久遠分類族群在科學上的精確關係。

我打電話給巴布賈尼，想聽聽他對 DNA 檢測和種族的看法，他提到當他列出了各國警察用來描述嫌疑犯的明顯種族特徵的人臉辨識圖片時，發生了一段趣事。美國聯邦調查局有一個「種族代碼」,將人劃分為五個類別:白色、黑色、美洲印第安人或阿拉斯加土著、亞洲或太平洋島民和未知。在美國,警察對嫌疑犯的認知有七個無線電通信代碼:北歐白人、南歐白人、黑人、亞洲印度次大陸人、中國人、韓國人、日本人或其他東南亞國家人、阿拉伯或北非人和未知。但是在逮捕嫌疑犯之後,實際情況變得更加複雜,因為英國法律要求使用16碼自定義系統,其中竟然將威爾斯人和愛爾蘭人分屬於不同種族。

　　以聯邦調查局的判別標準,我算是白人。對蘇格蘭警場而言,我是南歐人,但也僅限於我用義大利口音講話時才算。我無法想像,警察要如何從外觀上分辨出我不是德國人或丹麥人。像金髮藍眼的巴布賈尼那種長相的人,可以很容易地將他歸類在北歐族群裡,即使我們都是義大利人。這些類別對於警察巡邏隊來說是有用的,無論嫌疑犯的真實身分為何,它都可以作為使用photokit在快速地描述嫌疑犯方面的替代品。只是它們完全不能代表科學上準確的文化種族列表,更不用說外型種族了。

　　現在研究人員已經掌握了足夠族群遺傳學的數據,說明造成這些失敗的原因很明顯:根本無法從遺傳學的角度來定義人類種族這件事情。不僅人類彼此之間的DNA具有99.5%的相似度,族群內的遺傳變異度也要比族群間的更大。巴布賈尼解釋,除了世界某個地方的一個任意小鎮之外,如果所有人類突然消失,我們將僅損失15%的人類遺傳變異,而那個小鎮仍然保留著其中大部分(85%)的遺傳變異。換句話說,從遺傳學的角度來看,相較於看起來和你相似度很高的鄰居,被識別為屬於不同「種族」的某人可能與你的相似度更高。

　　有一個在兩位科學名人身上找到的例子:在1952年共同發現DNA結構的諾貝爾獎得主吉姆·華生,和在2001年因為完成人類基因體圖譜貢獻而受到讚譽的克雷格·文特(Craig Venter)。這兩位科學家在網路上公布了他們的DNA檔案，促使韓國科學家金聖鎮（Seong-Jin Kim）將自己的DNA與前述兩位著名同業的DNA加以比對。他發現具有歐洲血統的白人和藍眼睛的文特和華生與他（韓國人）在遺傳上的關聯比他們彼此之間的關係更密切。

談論到種族其中的一個問題是，我們將這個名詞與在家畜（如狗、貓或牛）中看到的人工育種相關聯，這些家畜是由育種者挑選具有某種遺傳性狀的個體，然後讓牠們僅與具有相同遺傳性狀的其他個體一起繁殖所產生的，試圖以人為方式將「純系」種族保存下來。但是每一位飼主都知道，一隻發情的貴賓犬很可能會嘗試騎上德國牧羊犬。在自然界中，動物彼此之間可以自由選擇自己的伴侶，任意混合牠們的基因。

無論是人為的還是由於距離或自然屏障所產生的隔離，都是形成和維持亞種（subspecies）的條件，而亞種是生物學上更準確的形容「種族」（race）的術語。當相同物種裡兩個或兩個以上的族群因為地理障礙（如高山、海洋或沙漠）隔開時，隨著時間流逝，每個物種都有機會發展出獨特的遺傳突變形成獨立的亞種。[30] 這種情形並沒有發生在人類的身上，原因很簡單，因為我們總是不在一處久待，而且我們喜歡與不同種族的人有性關係，無論他們的種族背景為何。從人類的基因和古代遺骸的歷史顯示，即使在史前時期，我們的物種也具有超乎異常的活動能力，並形成了一段連續性的遺傳變異梯度，而不是不同的亞種。這解釋了為什麼我們在現存的人類中找不到任何具有基因差異的種族：事實證明，地理隔離和距離並**不足以**阻止我們的老祖宗遷移到未知的地區、結識有趣的人並與他們婚配，導致基因庫的混合。

這並不表示人類不可能產生種族分化。實際上，過去就有不同的種族存在，而且並未違反自然規律。智人與尼安德塔人曾經並存了數千年，甚至兩者之間還有基因的交流。因此許多科學家認為尼安德塔人和2010年在西伯利亞發現的另一個人類亞種丹尼索瓦人（Denisovans）都是智人的亞種。尼安德塔人和丹尼索瓦人在人類的演化史上只是運氣不好，沒能存活到現在，而

至今我們仍然不知道他們為什麼滅絕。我們只知道隨便從現今任何一個人吐出來的口水中，都能輕易發現他們遺留的基因。[31]

在分別由保羅・李文森（Paul Levinson）和約翰・達頓（John Darnton）寫的科幻小說《絲綢密碼》（*The Silk Code*）和《尼安德塔人》（*Neanderthal*）中都提到，尼安德塔人一直生存至今，並且與我們產生互動。[32]且讓我們想像一下，如果尼安德塔人、丹尼索瓦人或存在於過去其他人屬裡親緣關係較遠的其他亞種都倖存在一處偏遠、未開發的土地上，我們會跟他們共同生活在一起，還是各擁地盤？我們會和他們起衝突嗎？我們會和他們生兒育女嗎？我們之間會有主導的種族嗎？是否會考慮因為語言、身體與認知能力的不同，而設立不同的學校、汽車、飛機座位？我們永遠都不會知道答案。據我們所知，社會可能會有所不同，也許種族間的差異會使種族內的差異變得無關緊要：將種族偏見針對尼安德塔人或丹尼索瓦人時，為什麼我們會在乎我們智人之間皮膚顏色的不同？

讓我們假設有一個真正的、遺傳學上不同的人類種族存在，這會是一個很好的練習教材，可以告訴我們的孩子種族主義的真正含義，並學會超越任何仇恨類別的推理。否認人類有種族的存在，從科學角度來看，是站得住腳的。但是即使有種族存在，為什麼我們要在意呢？我們應該有足夠的能力去判斷，並教育我們的孩子接受和包容多樣性，無論它是否出自生物學。

歐巴馬是白人

科學將人類種族的劃分註記為偽科學，而消費者基因體學是一個可以確證我們DNA的源頭來自非洲不同祖先混合的好方法。我們都是遺傳學上的雜種，我們必須為此感到自豪。但是查看自己的種族報告時，我不禁懷疑這是否可能是另外一種建立人類類別的方式，也許是基於更可接受的「文化種

族」概念而非「外型種族」。我向巴布賈尼發送了我的23andMe結果的螢幕
截圖，並請他發表評論。他對檢測的精確度印象深刻，但是對種族的判定結
果泰然自若，他說：「這是一種生物統計學上的工具，可以將你的DNA與來
自世界各地具有代表性的其他個體族群樣本進行比對，並且在距離最近的地
方貼上標記。」、「這個原則是正確的，但是它對你的遺傳種族有傳達任何
意義嗎？答案是並沒有。」

　　巴布賈尼舉美國前總統巴拉克‧歐巴馬（Barack Obama）作為例子。
歐巴馬的父親是來自肯亞的非洲人，他的母親安（Ann）則來自堪薩斯州，
並帶有德國、威爾斯和愛爾蘭血統。如果我們能看到歐巴馬的染色體全染，
那麼它的特徵可能是標記為「非洲」和「歐洲」的區域數量相等。他的血統
有一半來自非洲，另一半來自歐洲，但是幾乎每個人的認知都是，他是第一
位非洲裔美國籍的總統。巴布賈尼說：「定義人的方法有很多種，只要我們
對結果感到滿意，它們就都是好方法。但是我們不應該將因人而異的種族社
會屬性誤認為是科學上的遺傳定義。歐巴馬可以是個『黑人』、『半個黑人』
或是『白人』，這取決於誰在關注他，而不是基於客觀證據。他的DNA也只
告訴我們他是歐洲、非洲以及或許還有其他血統的混合體。」

　　人類學家喬納森‧馬克斯（Jonathan Marks）很技巧地將這些難以捉摸
的檢測本質簡單歸納為：文化族裔是人類發明的類別，而不是自然界既有
的。他說：「文化族裔的界定不夠嚴謹，在歷史上存在的時間還很短暫。現
在的世界裡有法國人，但是不再有法蘭克人；有英國人，但是沒有撒克遜
人；有納瓦霍人，但是沒有阿納薩齊人。」[33]

　　人類的種族觀念可能會一直長存在我們的腦海裡，並且不斷定期出現
在公眾辯論中，這點毫無疑問。人類的大腦天生就具有建立直覺和隨興的類
別，並且懼怕陌生人的本能，因為這是我們祖先的最佳生存策略。種族主義
是煽動民心者的一副牌，我們的天性不會改變，但是在這個充滿沙文主義和

歧視的警示信號的世界裡，消費者基因體學可能是反對種族主義的最好盟友之一。在觀察了數百位在YouTube、推特和其他社交網路上討論自己血統的唾液受測者之後，我變得非常樂觀。面對混合的血統結果時，大多數人都很聰明，竟然知道去懷疑你可稱之為「純種」的人類種族。多虧了基因體社交網路，我們才有千載難逢的機會將自己的DNA與數百萬他人的DNA比對，並瞭解我們都是遺傳學上的雜種。

5 身分遊戲——
在遺傳消費主義時代
尋找我們的根源

伯尼：我趁你在休息時，偷偷地剪了你幾根陰毛，然後送到一
　　　個DNA的檢測網站。
傑克：哈？你做了什麼？
伯尼：我們覺得一路回溯你的系譜很有趣。而結果顯示，你傑
　　　克・T・伯恩斯（Jack T. Byrnes）有二十三分之一的以色
　　　列人血統！歡迎來到這個家族，傑克！
　　　——傑克・伯恩斯和伯尼・福克（Bernie Focker），
　　　《門當戶不對之我才是老大》（Little Fockers），2010

　　當潔西卡・艾芭得知自己有較多的「歐洲人」，而不是「拉丁美洲人」
血統時，她覺得失望。非洲裔的美國饒舌歌手史努比・狗狗（Snoop Dogg）
對於他的美洲原住民血統同樣感到驚訝。歐普拉・溫芙蕾（Oprah Winfrey）
在知道她是來自賴比瑞亞的克佩勒（Kpelle）人，而不是一直以為的南非祖
魯人時，感到震驚。威廉王子對於小報報導說他的DNA中有印度血統時，
表示不予置評。[34] 當典型的非裔美籍饒舌歌手史努比，在美國第一個將遺
傳和演藝融合在一起的電視節目——《羅培茲今夜秀》（The Lopez Tonight
Show）裡做了DNA檢測，並且發現他比前NBA球星查爾斯・巴克利（Charles
Barkley）的「非洲人」血統更少時，是一個全場轟動的場景。當他要求重新
來過時，主持人喬治・洛佩茲（George Lopez）取笑他說：「哦，我的天哪，
史努比，巴克利比你更像非洲人耶！」深怕巴克利戲稱他為「白鬼」時，他

就會失去非洲人的身分。

揭露自己的遺傳血統已經成為名人們最喜愛的娛樂，他們以此作為電視上插科打諢或在IG影片上流連的藉口。這些檢測剛開始是做為自我發現、無傷大雅的有趣活動，但是隨著系譜應用程式市場的蓬勃發展，沒想到後來被我們誤用了。在這個種族問題普遍存在、民族意識逐漸高漲的世界裡，在一個關係愈來愈不真實的社會中，DNA血統正逐漸成為身分的替代物，這是在絕境中為了保持歸屬感所做的徒勞無功的最後掙扎。種族檢測只不過是娛樂性的基因體學，而數百萬的唾液受測者卻對此非常在意。

當我們在虛擬的DNA社交網路上跟我們的祖先和親戚交會時，我們是以生物學上和遺傳學上的資料，作為文化歸屬感的依據。遺傳剖析（genetic profile）不僅是生物學上的檢測，它也是從我們細胞內部拍攝的自拍照，這是一種可以滿足我們原始的、人類對身分和自我發現需求的高科技系統。

尋根升級版

消費者基因體學已經將族群遺傳學變成了群體的活動。這其實還好，事實上，它甚至可能還有啟發性。然而在此過程中它造成了很大的誤解，認為族群遺傳學是為了檢視生物的DNA，為了追溯數千年來人類的歷史和遷徙，而不是為了建立一個人的文化種族而興起。DNA中的美洲原住民、歐洲人、中國北方的少數民族——裕固族（Yugur）、蘇格蘭人或任何其他血統所佔的百分比只是統計學上的比較，並未定義身分，這應該不難理解。因為種族是一種社會學而非遺傳學上的概念。就像行李牌一樣，血統標記讓你知道自己的染色體來源，但不會透露它們的內容。同一個基因不會因為來自不同國家，如迦納、愛爾蘭或中國，而有不同的作用。

在認真研究塞爾特人（Celtic）、羅馬人或漢人的血統之前，我們還應該認清另外一個事實：如果回溯得夠久，每個人的祖先都是一樣的。耶魯大學的統計學家約瑟夫・張（Joseph Chang）在 1999 年提出，如果能回溯到中世紀，就可以為現代所有的歐洲人找到一個共同的祖先。換句話說，生活在查理曼大帝時期，並生育有後代的每個人都是現在歐洲人的祖先。他的這個推估在 2013 年得到了遺傳學家的證實。[35]

這個解釋很簡單：假設每一代祖先的數量都呈指數倍增長，我們所有人都有兩個父母、四個祖父母、八個曾祖父母等等。如果回溯到大約 40 個世代以前，時間大約落在中世紀，你最後會有一兆個祖先，遠遠超過當時地球上生活的實際總人口數。解決這一悖論的唯一方法是假設我們有部分祖先是重疊的，因此我們每個人都有一些共同的祖先。我們的家族史不是一棵獨立的樹木，而是像蜘蛛網一樣不斷交織在一起的相互交錯的線條。我們回溯得越遠，族群就會有更多的共同祖先，直到在某個時候，出現了每個人的共同祖先。對於歐洲人來說，這一個點大約落在西元 1000 年。

因此，每個現代歐洲人都可以聲稱自己是查理曼大帝或是任何有後裔且在大約西元 1000 年或更早以前居住在歐洲大陸的人的親戚。你不必像許多其他公司一樣需要檢測 DNA，才可以將血統追溯到一個古羅馬家族、一個希臘士兵或一位中國皇帝：從統計學上來說，只要他們的子孫能夠存活到今天，他們就是你的祖先。

血統的魅力

在消費者基因體學時代來臨的前幾年，人類基因體多樣性計畫（Human Genome Diversity Project, HGDP）是一項探索人類多樣性、立意良好的研究，它是在 DNA 血統研究中遭受意料外社會後果的第一個受害者。HGDP 是盧卡・卡瓦利－斯福扎的創意，由史丹福大學於 1990 年代初期發起，目的是研究世界各地若干原住民族群的DNA。這個計畫就像所有受卡瓦利－斯福扎啟發的作品一樣，完全和種族主義扯不上關係，目標是建立人類遺傳多樣性的圖譜。儘管有崇高的意圖，HGDP最終還是成為某些原住民人權組織毀謗和尖酸刻薄批評的箭靶，並且被這些組織指控是「吸血鬼」、「生物剽竊」的計畫。圍繞HGDP的爭議最終導致美國政府停止提供資金，造成這個計畫被迫提前終止。

一個美洲原住民組織認為，有關其遺傳血統的訊息可能與其起源的傳統觀念相牴觸，而另一個組織則懷疑這個計畫將導致他們的「原住民」地位遭質疑，因而影響到他們的土地擁有權。從科學角度來看，這些指控是荒謬的：如果就像他們所批評的那樣，我們還應該要擔心遺傳會破壞亞當夏娃的神話或動搖羅馬帝國的根基。遺傳證據的確質疑美國原住民的「本土性」，但僅是因為從科學上來看，「本土」一詞僅取決於回溯時間的久遠程度。美洲原住民來自越過白令海峽亞洲族群的後裔，而這些族群又是從西亞遷徙到東亞，就像地球上所有的人們一樣，源頭都來自非洲。

但是，「本土性」的社會含義與歷史和集體的觀感有關，而與科學證據無關。例如：美洲印第安人的身分與遭受來自歐洲移民過去的種族大屠殺、歧視和土地掠奪脫離不了關係，這也可以解釋為什麼有些人對這個計畫的執行持保留態度。HGDP發起人對血統的認知是根據明顯的科學證據，只是他們忘記了尋根時所牽涉到的政治和社會層面的影響，尤其是當這些因素影響人們的身分和歷史時，永遠都無法保持中立。

DNA血統檢測的結果通常會戳破關於家庭和祖先的信念，並重新定義你的身分以及你同胞的故事。它可能是神、狼、熊、英雄、亞歷山大大帝、建造羅馬城的羅慕路斯（Romulus）或遠古的旅行者：每個文明都有圍繞著它建立的神話；甚至也許你和你的家人有共同的血統或原籍的傳說。數十年來，專家們已經知道其中許多信念只是幻想，但是現在有了消費者基因體學，每個人都可以藉著吐入試管中的唾液檢查DNA來加以驗證。百年家族的傳奇被顛覆，當唾液受測者知道未受質疑的祖先、地點和根源跟他們的信念不相吻合時，新的傳奇出現了。應用於血統的DNA技術是一種可以對個人和社會產生深遠影響的爆炸性混合。

　　早在1970年代末期，亞歷克斯・哈利（Alex Haley）出版了《根源：美國家族傳奇》（*Roots: The Saga of an American Family*），這是一本關於哈利尋找家人，並回溯被奴役祖先艱辛歷程的動人著作，激發了數百萬非洲裔美國人追尋他們的根源。這本書還製作了迷你影集，在全球造成了轟動，我和我的朋友們都還記得我們還是小孩時，在義大利電視上觀看的這部劇集，也在美國掀起了系譜熱潮。當時系譜學並不適合膽小者。像哈利這樣想要追溯自己根源的人，必須花費數年的時間旅行，並翻閱教堂、開墾紀錄、檔案和圖書館裡存放的積滿灰塵的資料。即便如此，對於非洲裔美國人來說，尋根很快就碰到瓶頸：從非洲被帶走並運往大西洋的奴隸，並沒有留下他們原籍的書面資料，甚至在他們抵達美國之後名字也被改變了，這使得成千上萬人無法追蹤在奴隸貿易之前的家族故事，也無法與其非洲的原籍國家重新建立聯繫。現在價格合理的DNA技術和系譜學上的社交網路已經使情勢大為改觀。

　　哥倫比亞大學的社會科學家納爾遜在她的《DNA的社交生活》（*The Social Life of DNA*）一書中，研究了現代基因體學對種族的影響，並舉了許多例子說明非洲裔美國人如何利用尖端DNA技術。她提到「每一代非洲裔美國人都在爭取賠償（……）。儘管有歷史失憶症，但恢復原狀的聲浪仍然存在，即修訂種族化的人類枷鎖所造成的兩代之間破壞的聲音，在每十年中都以新的強度持續地增強。到20世紀末，雙螺旋已經成為要求賠償的一部分。」[36]納爾遜引用了主要在描述著名黑人血統的電視節目《非洲裔美國人的生活》（*African-American Lives*），這個節目使用遺傳檢測來顛覆長期和根深柢固關於身分的想法。其中有一段令第一個進入太空的黑人女性梅‧傑米森（Mae Jemison）很驚訝、也開心地發現自己的DNA有13%來自東亞地區，而當喜劇演員克里斯‧洛克（Chris Rock）知道一位以前不知名的祖先，努力地提升自己，以奴隸身分進入南卡羅萊納州州議會，並且擔任了兩任議員時，差點流下感動的眼淚。

除了每一個找到自己的根源，並且釋放情緒放聲大哭的唾液受測者之外，還有許多人生氣、並震驚地意識到他們的DNA與他們的感知身分有所牴觸。最佳遺傳幻滅獎得主是科布和他的招牌電視慘劇，之後當然還有其他許多悲劇也陸續跟進，例如在科布一敗塗地之後，加利福尼亞大學洛杉磯校區的一個小組研究了白人至上主義者在從DNA檢測中得知他們混合的「非白人」血統之後的反應。研究人員在科布和他的朋友是常客的一個非常右翼的論壇——《暴鋒》（Stormfront.org）上搜尋了超過30萬名成員撰寫的1,200萬篇貼文，發現其中許多人都拒絕接受事實。在面對DNA結果時，許多用戶不是拒絕承認檢測的正確性，就是以虛假的偽科學解釋來加以反駁。他們否認科學證據的這種表現，是具有強烈和激進意識形態的網上或現實社區的典型代表。[37]

另一方面，《紐約時報雜誌》（*The New York Times Magazine*）在2018年報導，來自費城郊區的中年婦女西格麗德‧約翰遜（Sigrid Johnson）擁有經常被認定為「黑色」的「淺焦糖色皮膚」，當她從DNA血統檢測中得知自己只有3%非洲人血統時，整個人崩潰了。這個結果讓她覺得很苦惱，所以她另外嘗試了其他基因體公司，想辦法操弄演算法信賴水準的設定，直到獲得更令人滿意的43%非洲血統為止。[38]在同一週，住在法國的哲學系學生西括雅‧姚諛凱（Sequoya Yiaueki）向英國《衛報》（*The Guardian*）投稿了一篇文章，說明當他從消費者DNA檢測中得知自己只帶有非常少的美洲原住民血統後相當震驚，因為他在美國被視為原住民，度過了童年，並相信自己家族的「印地安人屬性」。他直截了當的敘述充滿了哲學意味，描述了DNA結果破壞了一些唾液受測者的感知身分時，他們所忍受的破滅感和否認感。[39]

寶嘉康蒂事件

血統檢測甚至還可以使用在解決或引發最高層級的政治糾紛，著名的民主黨參議員、美國總統提名的頂尖參選人伊麗莎白・沃倫（Elizabeth Warren）就是這種情況。儘管擁有「白人」的外表和成長經歷，沃倫一直以來都被認為是美國原住民，導致川普（Donald Trump）在推特上嘲笑她，稱她為寶嘉康蒂（Pocahontas），並宣稱願意捐贈100萬美元給她最喜歡的慈善機構，前提是她能透過DNA檢測證明自己的美國原住民血統。為了回應川普的揶揄，她公布了基因檢測的結果，揭示了六到十代以前的祖先血統，她認為這可以支持她的身分。同時切羅基部族（Cherokee Nation）也發表聲明認為部落歸屬與歷史、文化和身分有關，而不僅僅是DNA的問題，並抨擊這位參議員是根據基因檢測，而不是以該社區的一份子而自我認知為美國原住民。儘管別人有不同的看法，沃倫仍然相信自己有美國原住民的血統，即使她的DNA只有一小部分原住民血統。

更麻煩的是，由於作為參考比對的族群大部分源自歐洲血統，所以沒有確定美洲原住民血統的方法。這意味著對於資料庫中代表性不足的祖先，只能給出大概的結果。[40]另一方面，這些檢測之所以如此流行，正是因為身為人類，我們所有人都需要發現或確認我們的根源。

還有一些人則試圖將他們追溯血統的成果轉化為有利益的營收。大多數美加人士都會發現透過網上檢測顯示，他們的DNA是4%的美洲原住民和4%的撒哈拉以南非洲人的血統。來自西雅圖附近林伍德（Lynnwood）的白人保險經紀人拉爾夫・泰勒（Ralph Taylor）就據此提起聯邦訴訟，要求獲

取作為少數族裔企業的福利。他的案子揭露了一個巨大的全球漏洞,並顯示了在 DNA 檢測時代如何定義少數民族的問題。全世界的平權計畫是在基因體世代前所提出的標準,所以並未說明人們符合條件 DNA 的百分比。無論是國內還是國際的機構,如果不想面對應接不暇的訴訟和上訴事件,就需要解決這個問題。即使處於最佳狀態,血統檢測也是一種教育性的自我發現的花招,而不是一種定義你社會身分的方法,更不用說你的少數民族身分了。基因檢測結果只會反映出你的 DNA 的複雜故事。

第二部　**劇本**
　　　　使用你的DNA檔案

「無論權威人士是否喜歡，
遺傳學知識都將成為一種群眾外包的現象」。
　　—— 麥特・瑞德利（Matt Ridley），《華爾街日報》，2011

「愛不是巧合」。
　　—— Genepartner.com

6 雲端中的基因——
你的DNA轉檔

　　當我用智慧型手機，加上他們最好的技術發明，想要拍攝一張笨拙的自拍照時，斯德哥爾摩卡羅林斯卡學院*的一群研究生都笑了。當我後退想要取得最佳的拍攝條件時，一個著急的助理迅速地向側面移動，將自己的身體擋在我和這部機器之間，這個小玩意兒可是價值大約100萬歐元呢。如果愚蠢的科學作家為了自拍而搞壞了這部機器，一定會在履歷表上留下難堪的紀錄。稍後我將在IG上發布標題為「DNA的法拉利」的圖片。

　　每當我因為工作需要去拜訪遺傳學實驗室時，我都會去找一部昂貴的機器，並且和它拍張照片留念，我的行為和拉斯維加斯的觀光客沒有兩樣，而

---

* 譯註：Karolinska Institute，位於瑞典首都斯德哥爾摩外索爾納市，成立於1810年。卡羅林斯卡學院是全世界最大的單一醫學院，也是最具權威的醫學院之一。學院中有一個委員會，專責頒發諾貝爾生理學或醫學獎。

實驗室機器就像是停在路邊的超級跑車一樣。這種行為也許看起來很幼稚，只是我對這些機器的喜好勝過車子。而且這些年來，我收集了一本我和世界各地的DNA頂級機器的俗氣自拍專輯。這部DNA的超級跑車被稱為序列分析儀（sequencer）：它們解讀DNA的化學結構，並且以人類用人工方式無法達到的速度逐一解碼其字母。儘管外觀其貌不揚──它們讓人想到一部上面有液晶螢幕和底部有托盤的冰箱，序列分析儀實際上是基因體革命性超優的重要機具。我正在研究的是型號為Karolinska的機器，只需輕按一下開關，就可以在幾個小時內從整個人類基因體、60億個DNA字母中讀取資料。助理將一滴純化的DNA加載到設備中，按下「開始」，然後由機器的電腦精心策劃的一系列反應，便可以發揮所有作用。

序列分析儀是用於遺傳資料的類比數位轉換器：它們將化學分子中包含的類比DNA訊息轉換為可供電腦讀取的數位檔案。每一秒有成千上萬的A、G、C和T字母被解碼，並複製到流向序列分析儀的硬碟數位資料流中。這個步驟看似微不足道，但是現代遺傳學和消費者基因體學的存在都依賴它。

如果我們以平裝本形式印出我們DNA的所有字母，它們可以堆成一堆60公尺高的書。如果以每秒一個字母、每天24小時的速度閱讀，那麼你將需要一個世紀的時間才能完全讀完。如果你將單個細胞中所包含的DNA拉開，會有兩公尺長。我們可以使用許多引人入勝的實體圖示來傳達人類基因體的龐大規模，只是數位化DNA會立即讓它們相形見絀，並能完成以前無法執行的應用。你無法將實體的化學DNA保存在硬碟上或透過網際網路發送，但是可以在網路上複製、儲存和共享其檔案版本，就像圖片、影片或推文一樣。

每個序列分析儀的背面都有一條乙太網路線，將電腦連接到地區網路，然後再連接到網際網路上。在幾分鐘之內，一名倫敦小孩的DNA檔案就可以發送到伺服器，並且與孟買的一位男士、柏林的一位女士以及全球成千上

萬的他人DNA檔案進行比對。比較網路上眾多DNA的方法是現代基因體學
的主要工作。

如果想要瞭解這種變革，請想一想數位化技術問世後音樂和影像行業
產生了什麼樣的改變？2002年上映的《星際大戰二部曲：複製人全面進
攻》（*Star Wars: Episode II—Attack of the Clones*）是第一部完全用數位相機
拍攝的賣座鉅片。它耗費鉅資並使用了開創性的設備，將好萊塢帶入了一個
新的世代，讓每個人都覺得看賽璐珞膠片的電影落伍了。同樣地，人類基因
體計畫解碼了第一個人類DNA，並且將訊息轉換為每個人都可以在網際網
路上使用的檔案，從此將生物學帶入了大數據的世界。如今，唾液受測者和
科學家們可以像在網飛上觀看串流電影或在WhatsApp上交換照片一樣輕鬆
地在網上比較數千個DNA數位化的檔案。

懶人包

如果你最近有送出唾液樣本，那麼你的DNA很可能不會被送去做定序
分析，因為大多數消費者基因體公司會使用更便宜、更快速的策略來讀取客
戶的遺傳訊息。過程中，樣本被送至咖啡機大小、裝有生物晶片，實際上被
稱為 **DNA微陣列**（microarray）的智慧型機器。從遺傳學觀點來說，它是一
個可以將分散在基因體上100萬個SNPs解碼的微處理器。因為從定義上來
看，SNP是DNA上的變異點，所以這個系統可以對基因體進行快速掃瞄，
就像快速閱讀器在這個頁面上只瀏覽關鍵字而不解碼所有內文一樣。來自生
物晶片的檔案是基因體的懶人包，著重於一系列精心挑選點的摘要，這些點
有助於區辨眾人。

多年來，微陣列一直是應用於大規模基因體學的唯一經濟實惠的工具。
我的23andMe個人資料是在2012年，花費99美元的價格以微陣列建立的，

而完整序列所需的價格要高出10倍以上。撰寫本文時，最大的消費者公司仍在使用微陣列，但是隨著定序價格暴跌，兩種技術的成本正逐漸拉近距離，許多平台都已轉向或正在考慮使用定序。事實上，當你閱讀本章時，即使不是全部，但可能已經有些消費者公司會使用定序，而微陣列即將成為過去式。完整序列具有許多潛在的優勢，例如它可以更可靠地識別罕見的變異和檢測它們的副本數，而這些變異是微陣列難以發現的。[41] 然而，定序的其中一個問題是它產出的數據量：10億位元組的訊息需要可以儲存、透過網路發送，並與成千上萬的其他基因體比對。生物資訊學裡的神經網路、機器學習和新的先進演算法都正迅速發展，增加了利用合理的計算資源處理愈來愈多資料的可能性。

儲存一個完整的人類基因體檔案需要多少空間？與我們每天在網路上使用的數據量相比，並不算多。一個個體的DNA有60億個A、G、C、T的字母序列，這些字母寫在一個文字檔中，會佔據1.5 GB的容量，相當於兩張音樂CD或一部串流電影的容量。[42]

但是這種情況很少適用，因為序列分析儀實際上無法連續讀取整個基因體，而是先解碼較短的字母文字串，再由電腦組裝，然後將每個文字串讀取多次，以便將錯誤降到最低程度。選擇DNA消費者套件時，這種稱為「覆蓋率」（coverage）的冗餘（redundancy）是一個重要參數：一般而言，覆蓋率愈高，結果愈準確。例如覆蓋率是10倍，意味著該字母的平均讀取次數是10次。低於10次的覆蓋率被稱為「低通」（low pass），雖然不足以進行診斷，但是對許多應用程式來說算是不錯，許多公司提供的覆蓋率是30倍或更高。產生的檔案大約為200 GB，但是電腦可以利用它們與人類基因體的參考圖做比較，以僅保存有變化字母的方式來巧妙地縮減檔案的大小，這是一種壓縮DNA檔案的聰明方法，因為眾所周知，人類基因體彼此之間有99.5%相似度，而且序列中的大多數字母都與參考序列沒有區別。產生的檔案非常的小（大約250百萬位元組），因為它只包含有變異字母的列表以及它們在染色體上的位置，以稱為變異判讀格式（Variant Call Format, VCF）的格式儲存。某些公司還提供**全基因體**（full genome）定序和**外顯子組**（exome）定序之間的選擇。外顯子組是包含我們基因的DNA的編碼部分，僅占基因體的1％。如果想專研基因的變異，那麼外顯子組比查看整個基因體更便宜且快捷。

在儲存空間的最底端，以微陣列獲得的DNA檔案，僅約20-30百萬位元組，大致相當於一個MP3的聲道。如果打開它，你會找到一個包含你的SNP版本列表的文字檔，這樣的檔案非常適合放在隨身碟或讀卡機中。

可攜式基因體

無論使用什麼應用程式，DNA檔案都可以隨身攜帶，因此你每次使用新的服務時，都無須再吐口水並再解碼基因體。大多數公司都會讓客戶下載他們的DNA檔案，並在其他平台上使用，對於那些希望將其DNA資料帶到其他地方的人來說，這是一個不斷成長的巨大市場。Promethease（https://www.promethease.com/）是最早提供唾液受測者可以上傳從別處取得的DNA檔案，並利用它們去探索其性狀和疾病易感性的最新相關科學文獻的網站。同樣地，GedMatch（https://www.gedmatch.com）是類固醇的親戚搜尋器，也是一個系譜愛好者最喜歡的免費平台，成千上萬的人在那裡上傳DNA檔案以尋找根源和親人。

定序巨擘Illumina甚至建立了一個名為Helix（helix.com）的DNA應用程式商店，你可以向他們購買一組唾液檢測套組，然後使用DNA檔案造訪其網站上列出的諸多第三方應用程式。Helix市場包括許多誠信的供應商，但是也有一些缺乏科學依據的可疑應用，稍後我會對其中的一些進行探討。

與我們在社交網路上使用的大多數內容相比，DNA檔案實際上具有更高的機動性：儘管你無法將臉書或IG上的個人資料轉移到另一個平台，但作為唾液樣本受測者，你可以在多個網站上使用DNA。例如有許多系譜學家將唾液寄給一家公司解碼，然後將原始檔案上傳到其他站點，以提高在全球尋找親戚的機會。

比摩爾定律更好

你可能會驚訝地發現自己的智慧型新手機在短短幾個月內已經開始不夠時尚了。但是一直要到你購買了DNA機器之後，才會瞭解到什麼是真正的過時。在我用DNA的法拉利發布自拍照的幾個月後，一個負責美國重要定序中心的朋友看到了這張照片並評論道：「現在這部機器只能用來當紙鎮了！」

與DNA技術的發展速度相比，就算是傳統上發展快速的消費電子產品也要自嘆弗如了。美國國家人類基因體研究所（US National Human Genome Research Institute, NHGRI）自2001年以來便一直在評估定序整個人類基因體所需的花費。在當年的估算為一億美元，需費時數週甚至數個月的工時。到了2008年，成本已經降至50萬美元。10年後的2017年，它的價格更急遽降到了1,000美元左右，在編寫本書的當下，有一些實驗室已經能以不到300美元的價格完整讀取DNA。等你讀完本章，定序基因體的花費可能比兩個人的晚餐還要便宜。價格下降是呈指數級的，反映了用於讀取DNA的技術和設備的發展，這些技術和設備每年都變得愈趨便宜。[43]

幾十年來，摩爾定律一直是電腦演化速度的範式，它是一種經驗和觀察法則，敘述微處理器的性能大約每18個月增加一倍，而成本保持不變。自2008年以來，序列分析儀的性能比摩爾定律所預測的快50倍，成為當今發展最快速的技術領域。

　　每一種新型號在成本和性能上的表現，都讓前一代機種相形見絀，且市場正朝著更便宜和更輕便的多樣化機器發展。在僅適用於大型實驗室的法拉利和梅賽德斯－賓士等級的DNA序列分析儀之後，相當於小型車甚至小型摩托車等級、可以攜帶到野外的機器也問世了。英國Oxford Nanopore公司推出隨身碟大小，可透過USB傳輸線連接到筆記型電腦的序列分析儀。坦桑尼亞的農民率先使用這種掌上型的讀取器取代了昂貴的分析方法來檢查木薯田中的病毒，博物學家也在森林和海洋中使用它們來快速分析物種的DNA。隨著遺傳技術的改革，學校甚至家庭在電腦和智慧型手機上連接一個小型DNA讀取器，以監測癌症或感染的早期跡象，或只是檢查基因活動情形的日子即將到來。

7

遺傳學上的自拍照——
DNA社交網路和自我發現

　　在以前一個遊戲節目《亮相》（*Identity*）中，參賽者會被引見12名陌生
人，並且根據一些提示，例如他們的穿著打扮、嗜好和口音，來猜測他們真
正的身分。

　　我的遺傳剖析裡有一部分稱為「性狀」（traits），相當於這個成功遊戲
節目中猜測所依賴的遺傳對應物，我就是那個節目中的陌生人，系統試圖根
據我的DNA猜測我的身分。我的穿著打扮看起來怎麼樣？我的髮色是金色
還是棕色？身材是高還是矮？我的體質和怪癖是什麼？我是短跑選手，還是
馬拉松選手？是癮君子或是牛奶愛好者？

　　親戚搜尋器和其他血統應用程式都具有強大的功能，但是「性狀」是系
統真正嘗試預測關於我的依據。這個部分是一種遺傳學上的自拍照，列出了
30多種外表特徵，僅根據我的DNA組成，便可以描繪出我的外貌、體質和

怪癖的特徵。如果警察在犯罪現場發現了我的DNA，其中有一些會出現在
警方嫌疑犯檔案的描述裡。如果調查人員僅獲得我的遺傳樣本，他們可以據
此對我瞭解些什麼？他們會像電影或《CSI犯罪現場》等電視劇中那樣預測
我的眼睛和皮膚的顏色、我的頭髮，我的身高、甚至我的個性嗎？根據我的
基因可以瞭解我多少？

　　下圖是根據我的DNA和最新分析所顯示一些可能會出現在警察照片拼
湊人像上的資料。值得注意的是，我們認為最明顯的特徵是一看就可以分辨
的，例如眼睛的顏色、身高、頭髮和膚色，這些都有其遺傳學上的複雜性，
因此很難從DNA預測。然而某些看起來複雜的特徵（如血型），反而很容易
從DNA特徵中推測出來，因為它們的遺傳機制很單純。

模稜兩可的照片拼湊人像

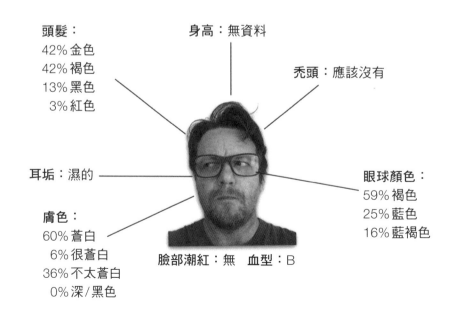

頭髮：
42% 金色
42% 褐色
13% 黑色
3% 紅色

身高：無資料

禿頭：應該沒有

耳垢：濕的

眼球顏色：
59% 褐色
25% 藍色
16% 藍褐色

膚色：
60% 蒼白
6% 很蒼白
36% 不太蒼白
0% 深／黑色

臉部潮紅：無　血型：B

單基因性狀的簡單性

我們先從簡單的開始，並介紹比較容易從DNA預測的性狀。我的遺傳剖析明確指出我的血型是「B」，因為這種性狀取決於第9號染色體上的單個基因。該基因以三種特色（等位因子）存在，稱為a、b或0（零），血型就是取決於這些等位因子的組合。[44]特徵由單基因決定，被稱為**單基因的**（monogenic）或**孟德爾式的**（Mendelian），因為它們的遺傳遵循了1800年代中期孟德爾建立的簡單且可預測的遺傳學規則（還記得在中學課堂上那個有關僧侶孟德爾和他的碗豆的無聊自然課嗎？沒錯！我說的就是這個）。這些性狀的遺傳機制很簡單，因此很容易根據DNA剖析進行預測。例如：23andMe明確又正確地指出我的耳垢是濕的（另一種型式是「乾」的，如果沒有潔癖的話，可以與家人一起玩，那會是一個很棒的晚餐遊戲）。

我對酒精的耐受性也是孟德爾式的，所以也很容易預測，因為它取決於編碼肝臟酶的一個單一基因，這種酶有助於消除乙醛（酒精代謝產生的一種有毒產物）。這個基因的某些變異使人們無法有效地排除乙醛，而產生了輕度的毒性作用，稱為「酒精潮紅反應」（alcoholic flush reaction）。有三分之二的亞裔有這種變異，這解釋了為什麼亞裔即使只酌量喝了酒精也經常會潮紅。說到不良反應，我還發現我天生對諾羅病毒（Norovirus）造成的感染有抗性，諾羅病毒是一種引起腹瀉和腸道問題的討厭病菌，遊輪及其廁所是主要的風險來源。這是孟德爾式的另一個性狀，如果我不排斥搭乘遊輪旅行，那對我來說會是個好消息。孟德爾式性狀並不只局限於23andMe性狀部分中所列出的奇異事物；它們還包括許多遺傳疾病和對我們的生物學有影響的性狀，我們會在後面看到。

如果我們所有的性狀都遵循孟德爾式的遺傳，預測它們出現的頻率會很容易，DNA剖析將會是個人拼湊人像近乎完美的照片。但是在現實生活中，

情況卻更複雜。我們的大部分特徵更是難以預測，因為它們來自數百個基因的相互作用，或是遺傳因子與非遺傳因子之間的相互作用。

我們可以預測眼睛的顏色嗎？

舉例來說，眼睛的顏色是具有複雜遺傳原理的簡單性狀。以前的理論是褐色眼睛相對於藍色來說是顯性，這意味著只有兩種遺傳變異存在：褐色和藍色。這是一個簡單卻錯誤的解釋。如今我們知道至少有16個基因會影響人類的眼睛顏色，使它們的綜合效應難以預測。

實際上，眼睛的顏色是一種多基因性狀，也就是說，它的顏色是同時由許多基因的活性所決定的：與孟德爾式性狀的情形截然不同，孟德爾式性狀是由單個基因決定的。從DNA預測多基因性狀就像觀看一群人並猜測他們選擇的晚餐地點一樣。這一群人之中的每個人都有自己喜歡的餐廳，特定的某些人對小組的影響力會比其他人大，但即使你對每一個人都很瞭解，決定最終還是取決於難以預測的集體動態。

就像一群反覆無常的食客一樣，所有已知會影響眼睛顏色的16個基因（可能還有其他尚未發現的基因），在最後的結果中都有影響力，因為它們都會影響黑色素的產生和分布。黑色素是決定眼睛、頭髮和皮膚顏色的色素。OCA2和HERC2這兩個基因在決定你的眼睛是否會是藍色中扮演主要角色，這些基因的變異有可能（但不一定）會產生藍色或綠色的眼睛。有趣的是，藍眼變異在歐洲族群中「僅」在6,000到10,000年前才開始出現，但是在有北歐血統的人們中很常見。在此之前，所有人的眼睛都是褐色的。其他基因的變異更可能使眼睛變成褐色，另外還有其他基因的變異會在藍色和褐色的混合色中增加或減少一些黑色素。

我的遺傳學報告只包含了一些變異，但我可以下載我的DNA檔案，並加載到更具體的 IrisPlex 應用系統中。IrisPlex 是由鹿特丹的伊拉斯姆斯大學（Erasmus University）和印第安納波利斯的印第安那大學的遺傳學家引入，並獲許多國家認可作為法醫的鑑定標準。IrisPlex 是一種檢查 6 個 SNP 位點的檢測方法，結果只有三種可能性：藍色、中間或褐色，幾乎無法代表人們在眼中會看到的各種色調。只是在諸多限制中，這是迄今為止能取得眼睛顏色的最佳遺傳檢測系統。

如果警察在犯罪現場發現我的 DNA，並且試圖猜測我眼睛的可能顏色，猜對的機率幾乎和扔硬幣一樣是 50%。根據 IrisPlex 的判定，我有 59% 的機眼睛是有褐色（我的本色是淡褐色），有 41% 的可能性是藍色或中間色。帶有其他變異的人最多有 80% 的機會擁有褐色眼睛，但這仍然是根據機率做的預測，而不是確定的判斷。[45]

毛髮情事和紅髮基因

從 DNA 推測頭髮和皮膚的顏色，甚至比預測眼睛顏色還要複雜：這仍然是和黑色素有關的問題，只是涉及數百種遺傳變異。一種名為 HIrisPlex-S 的系統，是 IrisPlex 的類固醇版本，可以同時分析 41 種變異，用於預測眼睛、頭髮和皮膚的顏色，這是迄今為止法醫分析的黃金標準。凡是將我的 DNA 檔案加載到這個系統的人，都會知道我皮膚是黑色的遺傳機率幾乎為零。根據檢測，我最可能的膚色是「蒼白」（完全正確），我最可能的頭髮顏色是深褐色（實際上，我的頭髮是深金色，說句良心話，這是這個檢測中最接近實際的結果）。在預測顏色上，DNA 檢測還是非常不理想，但是在排除最不可能的機率上，還算不錯。

HirisPlex-S 檢測還包括一個名為 MC1R 基因中的變異，MC1R 是許多消費者基因體學報告中的最愛，因為它與紅髮有關。紅髮變異是隱性的，這意味著父母雙方都要具有紅髮變異才能看到效果。這就是為什麼除了愛爾蘭人這種特定族群中普遍存在紅髮之外，紅髮很少見的原因。隱性遺傳還意味著如果褐色頭髮父母的染色體上都帶有一個紅髮變異，那麼這對父母有機會生下紅髮的孩子。如果你曾經在學校裡欺負過紅髮小孩，你應該要感到羞愧，並且記住你的孩子也可能會是紅頭髮的人。

身高和多因子性狀的複雜度

就複雜度而言，身高和我們迄今所知道的其他性狀完全無法在同一層級上比較。已知約有300個基因會影響身高，所以它是一個多基因的性狀。但是身高並不全然由基因所決定。這是由遺傳和非遺傳因子的多因子性狀共同影響的一個很好的例子。從我們對雙胞胎的研究中知道，這個性狀大約有60%至80%是靠遺傳，因種群不同而有差別。如果你的基因決定你不會長那麼高，你的父母身高又很矮，那麼你就不會長得太高。但是某些環境因子會影響結果，例如兒童時期的某些感染或營養不良會抑制生長。身高對非遺傳因子非常敏感，以至於它可以作為社會生活條件的指標。在上個世紀中，幾乎所有族群的平均身高都在增加：這並不是肇因於千年來DNA的變化，而是因為營養和衛生條件的改善。長高最多的紀錄來自韓國女性，由於社會經濟條件的改善，她們現在比1900年代初期長高20公分之多。[46]

多因子性狀將遺傳學帶到另一個複雜的層次。從DNA可能很難預測眼睛的顏色，但是至少你應該不會因為飲食、吸煙或生活方式的不同而有所改變，因為它不受非遺傳因子的影響。相對地，我們只能預測多因子性狀的遺傳層面。即使在最好的情況下，撇開其他通常難以確定的非遺傳因子，DNA檢測也永遠無法預測某人身高的40%至80%（這些是這個性狀的可遺傳部分），更不用說控制了。

「禿頭基因」

　　檢測男性禿頭，也稱為雄性遺傳禿或男性型禿頭（male pattern baldness, MPB）的遺傳風險，在消費者基因體學中大受歡迎。數以百萬計的男士們在30多歲時開始掉頭髮，並為此深感沮喪，難怪宣稱可以防止男性禿頭的市場蓬勃發展，這些市場包括了DNA檢測。在我的居住地有一家植髮診所甚至還贊助了一次大規模的電台廣播活動，提供雄性遺傳禿的遺傳檢測，以吸引潛在的新客戶。

　　男性禿頭是一種多因子性狀，具有高度（約80％）的遺傳成分和非遺傳的原因，例如壓力可能加劇遺傳性掉髮的趨勢。這種情況是二氫睪丸酮（睪丸酮的副產品）對遺傳學上易發性禿頭男性毛球產生影響的結果。第一個與雄性遺傳禿相關的變異是在X染色體上雄激素受體的編碼基因上發現的，但是最近的研究指出，實際上參與的有數百個變異。[47]

　　就跟所有多因子性狀一樣，對禿頭的DNA檢測只能預測風險，並無法百分之百地確定是否會掉頭髮。男性禿頭沒有一勞永逸的解決方案，但事先瞭解這種風險，從理論上來看，可能會有幫助，因為如果能提早開始治療，某些治療的效果會更好。但是大多數商業DNA檢測僅分析少數變異，並產生推斷的結果。如果你真的很害怕掉髮的可能性，那麼早期檢查頭皮上是否有掉髮徵兆，預防效果可能會比查看DNA更好。

8 吃到飽——
美食家的遺傳學

　　基因是營養方面的最新趨勢,至少在許多新興網路公司在提供根據遺傳組成量身訂製的飲食方面是如此。如果上網快速搜索,你會發現有數百家中、小型公司,他們非常樂於檢查你的遺傳變異,並建議你該吃些什麼。以DNA為依據的營養,也就是所謂的**營養基因體學**(nutrigenomics),在最流行的消費者DNA應用列表中僅次於系譜學。[48]

　　典型的營養基因體學網站看起來像是一個乏味的科學實驗室和一本健康雜誌的混合體,附有漂亮、健康人們臀部的曲線圖和照片,以及如何將營養提高到一個新層面的客戶證言,這些都是託DNA訊息的巧妙運用之福。這些公司靠的是持續不懈的行銷:如果你有閱讀風格雜誌和時尚博客,或觀看網上健身頻道的習慣,很可能你已經看過營養基因體學的商業廣告。但是DNA飲食真的有科學依據嗎?

深入研究 DNA 飲食

營養基因體學（或營養遺傳學〔nutrigenetics〕──我把這兩個術語視為同義詞）是一個有充分根據的研究領域，檢視基因、食物、代謝和健康之間的相互作用，並為消費者營養學服務提供了科學依據。最近的研究發現，至少有140個影響體重的基因，而且還有更多尚未發現。一個名為 *FTO* 的基因，由於它與肥胖有密切關聯，因此被媒體暱稱為「肥仔」（fatso）基因，還有其他與脂肪或糖、維生素、食慾、味道、卡路里燃燒甚至發炎相關的數百種基因，也都會影響身體對食物、飲料和運動的反應方式。[49]

大多數營養基因體學檢測都集中在應該具有重大影響的一組變異（如 *FTO* 等）上，提供針對你的遺傳組成量身訂製的飲食建議。從理論上來說，這有它的道理。然而將這些資料應用於現實生活中會有實質困難，而且並沒有足夠的科學證據來支持以DNA為依據的飲食，這是歐盟資助的研究計畫 Food4Me 所得到的結果，這個計畫是現今世界上最大的營養基因體學研究檢測，有500名歐洲志願者參與。他們將受測者分為三組：一組接受標準飲食建議；另一組設計了個人化程序，且不考慮成員的DNA組成；第三組則根據遺傳檢測的結果提供了個人化建議。六個月後，接受個人化建議的兩組人的飲食比標準飲食中的人很明顯地健康許多，但是使用DNA資訊的群組和不使用DNA資訊的群組之間沒有差異，這顯示制定飲食而不是基因檢測建議，才是主要的成功關鍵。[50] 換句話說，有些營養基因體學公司確實可以幫助你變得更健康，但這只是因為他們提供了有價值的個人化飲食指導，不論你的遺傳組成為何，都可以發揮作用。

全球最大的營養專業組織──營養與膳食學院（the Academy of Nutrition）的立場書再度強化了此一觀點，並確認「使用營養遺傳學檢測方法提供飲食建議，還不足以滿足日常飲食的需求」。當我透過Skype聯繫新堡大學人類營養學教授，同時也是Food4Me計畫的共同主持人約翰‧馬瑟斯（John Mathers）時，他呼應了學院的觀點：「如果你問我是否值得在營養攝食中加入DNA檢測，我的答案是時機尚未成熟。」[51]

讓我們活蹦亂跳的因子，同時也是營養基因體學需要克服的最大障礙是身體的新陳代謝及其複雜的機制，它們主要在使我們的生理參數保持在極端範圍之內。任何與營養有關的一切，從飢餓和糖份的維持，到維生素濃度和脂肪的堆積，都是由荷爾蒙和訊號、反饋機制和冗餘系統之間的精密平衡所控制。許多基因都和體重的輕重有關，但是如果單獨作用，每一個基因對體重的結果都影響不大。如果你體內有了已知與肥胖有關的所有主要變異，同時假設所有變異都是最糟的，你的身體質量指數（Body-Mass-Index, BMI，衡量身體肥胖的標準參數）估計值也只會比某些只具有**好**變異的人略高。[52]換句話說，即使你帶有所有已知不利的肥胖症變異，它們也不會使體重計扭曲到足以從「苗條」或「正常」變為「超重」。根據紀錄，一些基因突變確實會明顯增加肥胖的風險，但是這些突變很少見，並且在嬰兒期就可以看到它們的影響，這些情況已包括在罕見的遺傳性疾病中，並且超出了營養基因體學的研究範圍。

撇開花費不談，如果在飲食中加入DNA檢測可以引起你的某種動機，那也不是壞事。但是你應該知道，從科學觀點來看，目前DNA檢測幾乎無濟於事。如果你擔心自己的腰圍，那麼更重要的是，要取得適當的個人化營養建議，並且照做。

你有美食基因嗎？

位於義大利北部摩德納（Modena）的米其林三星級餐廳Osteria Francescana曾兩度被評為世界最佳餐廳。我在義大利旅行時，有幾次經過了它前門，欣賞

著穩重到幾乎樸素的入口風格，幻想著與朋友們圍坐在一張桌子旁，分享著世界上最好的現代美食經驗，並且受到名人廚師馬西莫・博圖拉（Massimo Bottura）的款待。我不知道自己是否能夠品嘗出他們要價120歐元的羅西尼鵝肝黑松露嫩煎牛菲力（Filetto alla Rossini）的每一口細微差別，但是我知道我的DNA會對我試菜的方式產生明顯的影響。如果我和我的朋友有幸在Osteria Francescana的同一張桌子用餐，要是我們還點了相同的食物和飲料，根據我們的遺傳背景，我們的個人經驗可能會完全不同。

味覺的遺傳學是營養基因體學裡最吸引人的部分，它的第一篇研究還比DNA的發現更早發表。這一切的故事都始於一個有著奇怪名字的化合物——苯硫脲（Phenyl-Thio-Carbamide, PTC），以及一個偶然的事件：1932年的某一天，美國化學家亞瑟・福克斯（Arthur Fox）在將一些苯硫脲粉末倒入瓶中時，有些粉末飄散到空氣中。有一位同事發現粉末在他口中留下了苦澀的味道，但是福克斯什麼也沒嘗到。這兩位科學家對此很感興趣，在進行了許多苯硫脲實驗之後，他們得出結論，認為人類可以分為辨味者（可以感受到苯硫脲苦味的人）和非辨味者（對苯硫脲苦味沒有感覺的人）。我們現在知道對苯硫脲的敏感性是由單基因所控制的，並且取決於稱為 *TAS2R38* 的基因，這個基因編碼舌頭味蕾表面上的受體。我們還知道非辨味者對朝鮮薊、球芽甘藍甚至酒等多種食物和飲料的苦味也不敏感，這點提供跟DNA相關的烹飪學研究基礎。[53]

TAS2R38 基因上的一個變異可以預測你是否為辨味者。由於辨味相對於非辨味是顯性性狀，因此大多數人對苦味敏感。儘管有不同的敏感度，卻都是取決於各自精確的遺傳組成。大約四分之一的人對苯硫脲極為敏感，因此被稱為「超級辨味者」。科學家們對這些超強的辨味能力是否適用於所有口味，還是僅限於苦味，目前還沒有共識。在公眾會議上，我總是帶著一些苯硫脲試紙，並邀請現場觀眾進行實驗。辨味者的厭惡表情和旁邊對苦澀無感

者的一臉困惑，提供了一個很好的對比，說明我們的遺傳組成在我們與食物的關係上扮演著多重要的角色。

某些研究顯示，辨味者不喜歡某些食物和葡萄酒，甚至像Vinome.com這樣的消費公司都會分析 $TAS2R38$ 基因，並推薦一系列可能與你的DNA配對的酒。但是仍然很難確定苦味特徵和食物偏好是否相關，因為教養、文化和地理因素在這方面都能很輕易地超越基因而有更強的影響。在此強調一下，雖然我是個會對苯硫脲產生令人尷尬的強烈反應的辨味者，但我仍然喜歡苦味食品，用風乾葡萄釀成的阿瑪羅內（Amarone）是我最喜歡的葡萄酒之一，但它可能是世界上最苦的葡萄酒！如果僅憑我的DNA組成，Vinome公司絕對不會把它推薦給我品嘗。[54]

味覺的遺傳學提出了美食家一定會提出的質疑，例如，是否可以聘請一位天生就對苦味或其他味道不敏感的廚師？不論男女，這名廚師會不會就像個盲人畫家或聾啞鋼琴演奏家一樣？他是否能夠理解大多數人對食物的看法？高檔餐廳是否應該根據對苦味的敏感度來篩選與聘用廚師和侍酒師？並根據客戶的遺傳背景提出不同的菜單？如果我無法區辨口感較為柔順的梅洛紅酒（Merlot）與酸度較高的赤霞珠葡萄酒（Cabernet），或者如果我眼也不眨地就把一瓶超級劣酒給喝了，我可以拿遺傳學來當擋箭牌嗎？

專業的葡萄酒專家似乎對這些情況不太滿意。葡萄酒的鑑定權威《葡萄酒觀察家》（ Wine Spectator ）在2012年陳述葡萄酒專業知識的遺傳學故事時，雜誌總編輯哈維・斯泰曼（Harvey Steiman）做出了如下評論：「葡萄酒評論家未必是超級侍酒師，誠如音樂評論家並不需要具備完美的歌喉。」[55]儘管有《葡萄酒觀察家》的意見，但是DNA檢測有一天可能會運用到我們的餐桌上：除了辨味者變異之外，還包括其他會影響我們對咖啡的感知、通寧水中的奎寧、香菜，以及感知甜、鮮味和酸味能力的認知。有了關於這些變異的更多知識，一系列的檢測可以對人們的品嘗能力做更好的評測，並且讓高檔餐廳

提供DNA訂製美食的美夢成真。[56]

9 怪咖之美——
以DNA量身訂製的護膚品,
有效嗎?

　　曾經有過一段黃金時代,音樂家和工程師們想要聯手為電吉他做一個新的拾音器、合成器或很棒的破音踏板,只是時機已逝。當杜蘭·杜蘭(Duran Duran)的鍵盤手尼克·羅德斯(Nick Rhodes,1980年代的英國流行歌手)和倫敦帝國學院的工程學教授克里斯·圖馬祖(Chris Toumazou)在2015年的一次飛行旅途中相遇,他們並沒有談到音樂,反而成立了一家消費者DNA公司:GeneU。

　　在GeneU位於倫敦龐德街(Bond Street)的豪華商店中,銷售員們都有博士學位,而顧客只需花1,000美元,就可以將口水吐入試管中,並且在30分鐘後收到一份根據自己DNA訂製的護膚產品。想像一下,把美國最大彩妝店絲芙蘭(Sephora)置入《2001年太空漫遊》(2001 Space Odyssey)的情境裡,但更加奢華,而且跟吐口水有關。[57]

合作並沒有成功,並且在2019年關閉了商店。然而以DNA為號召的美容服務在網際網路上崛起的速度還是比老太太臉上長出皺紋的速度更快。這些公司掃瞄你的染色體,尋找可能影響膠原蛋白分解、曬斑、皺紋、破壞自由基甚至是恐怖的橘皮組織風險的任何相關遺傳變異。許多商店根據你的DNA訂製的面霜或保濕霜的售價都過高。誰不想擁有20歲的漂亮皮膚紋理,即使那意味著要花一些錢?你說是吧。但是在忍痛為根據DNA訂製的護膚療程花費數百歐元之前,最好確認它的效果會比一般產品更好。將遺傳訊息用於美容潤膚乳是否有真正的優勢?DNA會說出哪些你還不知道的皮膚訊息?

永遠年輕

皮膚的衰老絕對有很強的遺傳成分存在。DNA佔皮膚衰老過程中個體差異因素約60%,而其餘40%則取決於環境與生活方式,其中陽光照射和吸煙居首位。科學論文和消費者基因體學公司堅守那些數字,儘管它們僅出自2005年進行的一項研究,因此我們應該要謹慎參考。除了百分比,我們可以說遺傳因素對健康、漂亮的皮膚很重要,科學家們已經發現了數十種與維持皮膚紋理和膚質有關的基因。[58]但是黑心藥品在化妝品行銷中也不在少數,所以任何時候都必須謹慎行事。尤其在「美麗」和「科學」這兩個名詞同時出現時,但其實這種情況還蠻常見的。根據遺傳學量身訂製的保養品問題不在於有沒有科學根據——皮膚紋理和衰老都具有遺傳成分,而是在現實生活中要如何運用。

以護膚主要成分的膠原蛋白為例,膠原蛋白是讓你的皮膚緊緻和年輕的蛋白質:膠原蛋白支架塌陷時,會產生皺紋,這就是為什麼它在皮膚保養中如此受重視。許多護膚DNA檢測著眼於 *MMP1* 基因的變異,這個變異編碼一種吞噬膠原蛋白的酶,因此是美麗的敵人。DNA檢測背後的基本原理是,

某些 *MMP1* 的變異比其他變異更具活性：護膚公司會掃瞄你的 DNA，並據此調整你日常生活中膠原蛋白的量：*MMP1* 愈活躍，他們在產品中添加的膠原蛋白就愈多。從理論上來說，這似乎是很聰明的做法。實際上，不論你的遺傳組成為何，與其進行昂貴的 DNA 訂製程序，不妨考慮在日常中添加稍多的膠原蛋白，這可能是更簡單且更便宜的做法。

相同的邏輯也適用於其他 DNA 皮膚護理檢測，例如，許多分析會針對影響氧化敏感度的變異，並決定你適合採用多少劑量的抗氧化劑：遺傳敏感度愈高，添加到你訂製產品中的抗氧化劑量就愈高。但是老話一句，如果抗氧化劑有用，那麼為什麼不直接在日常生活中加入呢？

其他護膚套組可以檢測你是否天生就是乾性皮膚，會有酒糟鼻或橘皮組織，以便你可以使用特定產品以預防這些問題。假設這些預測是正確的（在許多情況下這令人存疑），它們是否有用？即使沒有 DNA 檢測，大多數成年人也已經知道自己皮膚的弱點。流行科技網誌 *Gizmodo* 的記者克莉斯汀・布朗（Kristen Brown）嘗試了一家消費者公司的 DNA 優化護膚程序，得出了相同的結論，她寫道：「事實證明，我自己可能比嘗試破解許多奧秘的演算法更瞭解自己皮膚裡的 DNA。」在嘗試了 4 個步驟的常規程序和 10 個據稱適合她遺傳組成的每日補充藥物之後，克莉斯汀發現她的膚質開始惡化，因此回復到她自己的兩項產品的常規程序。[59]

化妝品業具有使用不實科學術語和圖像為其產品賦予高科技或醫療假象的不變傳統，這種作為在渴望新穎性且鮮有真正突破的市場中是可以理解的。儘管「肥皂水」不像「卸妝水」那樣流行，實際上它們是一樣的東西。DNA 量身訂製的護膚只是最新趨勢。這些公司引用了數十篇據稱可以支持他們主張的科學論文，但是這些研究至今仍未得到證實，它們只是與皮膚老化遺傳學相關的基礎科學，而不是旨在檢驗防治效果的實用試驗。[60] 日後檢測的結果可能有效，只是現在幾乎沒有任何科學證據能證明它們確實如此。

10 天生跑者——
檢測你孩子的運動能力和天賦

　　競走比賽才進行到3公里,我就黯然退出了。我能聽到我的體育老師大聲呼喊著鼓勵我,但是我已經被好幾個男孩超過一整圈了,我的雙腿也拒絕合作,不動了。我走出賽道,在草地邊界上崩潰了。

　　當時我只有12歲,我的早期挫敗可能意味著我的體育生涯已經終結,但事實並非如此。這只是我缺乏耐力的一個跡象。後來在高中,我發現了自己在短跑方面的天賦,並為此進行了艱苦的訓練。在第一場正式比賽中,我100公尺的成績在學校排名第一。18歲之前,我在100公尺和200公尺以及400公尺接力賽上都有不錯的成績,在學生組中排名全國第15位。如果當時能檢測,我是否可以從DNA中預測出這種傾向?遺傳的預測結果是否能讓我少走些冤枉路,及早訓練衝刺,也許可以獲得更好的表現?

　　就在幾年前,這個問題似乎已經由反烏托邦式科幻電影有所引申(如

《千鈞一髮》〔Gattaca〕），但是隨著消費者基因體學的到來，對體育才能的檢測成為數千個家庭的選擇，這不只是運動。新興的「天賦」DNA基因體學，也策略性地針對希望為自己的孩子找到最合適的運動、學習科目或職業的父母。總部位於芝加哥的Orig3N是這個行業裡最大的參與者之一，他們提供「兒童發展」、「行為」和「超級英雄」的套件，以及與數學技能、語言和其他認知能力，甚至完美音調相關的基因檢測。「你的孩子是否擁有能讓他們輕鬆學習新語言的基因？你的孩子可能挑食或愛吃甜食嗎？哪一種運動最適合你的孩子？從健康狀況到自然的語言和學習能力，」這家公司聲稱這些檢測的結果將幫助你「更瞭解自己的孩子」[61]。另一家公司MapmyGene保證，根據小孩自己的天賦和能力好好加以培養，讓他「贏在人生的起跑點」，並以「避免與孩子產生不必要的爭執」來「建立更幸福的親子關係」。[62]

在中國，DNA天賦服務尤其盛行，實行數十年的一胎化政策以及經濟的蓬勃發展，對父母施加了相當大的壓力，要求父母提供下一代競爭優勢。我們對確切的數據所知並不多，但是提供此類檢測的當地診所數目激增，已經有成千上萬的父母在為子女選擇學校或一門課程之前，認真考慮了DNA檢測結果。[63]這些早期採用者是親職教育中一種新的、以數據法為基礎的先鋒部隊？還是只是將他們哄騙到昂貴而又不準確的檢測中，有一天會被他們的孩子責怪抱怨？

你是天生的運動員嗎？

一個鮮為人知的基因ACTN3，在2003年被稱為「速度基因」，當時一項研究發現它的某些變異很常出現在短跑運動員身上。從那時起，ACTN3便開始在消費者基因體學中廣泛用來預測運動能力。[64]ACTN3編碼一種稱為「-actinin-3」的蛋白質，它存在於快縮肌纖維（fast-twitch fiber）中，這是構成肌肉的兩種類型之一。顧名思義，這些纖維負責短跑或舉重過程中發生的劇烈爆發運動，而慢縮肌纖維（slow-twitch fiber）則對於長距離跑步等耐力運動至關重要。根據估計，大約有六分之一到四分之一的人在母系和父系雙方染色體上都有缺陷的 *ACTN3* 副本，因此無法在肌肉中產生任何「-actinin-3」。這沒什麼大不了的，因為肌肉無論如何都會執行正常的功能。但是研究顯示，具有「-actinin-3」可以在需要耐力的運動中較佔優勢，例如研究人員檢測幾位奧運短跑決賽選手，發現他們都具有功能正常的 *ACTN3*。[65]

　　具有 -actinin-3 的優勢有多大？訣竅在於：有關 *ACTN3* 的基本概念，這個基因只能解釋耐力運動表現差異的 2-3%。換句話說，對一般人而言，具有正常功能的「速度基因」並無差別，除非恰好在個人表現最佳時，這時候的每一個額外細節都至關重要。因此檢測 *ACTN3* 變異在日常生活中毫無用處，但是可以預測精英水準的運動表現。至少對於特定的耐力運動，具有不利的 *ACTN3* 遺傳組成的人要上台領獎的難度可能更高。

　　如果能證實這些數據，運動將成為預測性 DNA 分析可以有效影響生涯的第一個領域，從而引發遺傳歧視的新問題，並可能重新定義「冠軍」的概念。如果一個孩子夢想著成為 200 公尺奧運決賽選手，那麼事先檢測個人的「速度基因」不知是否可行？萬一檢測的結果不盡理想，父母是否應該鼓勵孩子去嘗試其他運動？還是他們應該現在就放棄自己的夢想，以免日後陷入一條死路？

　　體育編年史中不乏一些剛開始似乎並不適合當運動員，日後卻又締造紀錄者：我的偶像彼耶特羅・梅內亞（Pietro Mennea）剛開始被認為過於瘦弱，遭許多教練拒絕，但他最終在 1980 年的莫斯科奧運會上獲得了 200 公尺金牌，他在 1979 年創下的世界紀錄還維持達 17 年之久；40 年後，它仍然是歐洲最好的成績。按照今天的選拔標準，他早就被開除了。足球明星利昂內

爾・梅西（Lionel Messi，太矮），安東尼・格里茲曼（Antoine Griezmann，太瘦）和哈里・凱恩（Harry Kane，太胖）的童年也因他們不起眼的外表而沒有被錄用。他們必須為職業生涯而奮鬥。我們想要相信有了正確的訓練、熱情和決心，一切皆有可能。但是如果DNA檢測能夠以統計學的準確性預測，起跑架的陌生女孩或跳板上的男孩是可造之材，但是受限於遺傳組成，他們永遠無法在奧運會上得獎呢？我們還會以同等的方式看待運動嗎？我們會縱容使用興奮劑甚至改變DNA來消除某些運動員的遺傳缺陷嗎？

　　現在的技術還未臻成熟，遺傳檢測也沒有表明它不可能脫穎而出：它只是有點困難，也許新的研究會專研具有同等重要性的其他變異。但是隨著DNA檢測變得愈來愈普遍和準確，我們是應該要認真面對這類問題了。

尋找未知的因子

　　數學、語言、音樂或創造力等抽象能力是否也有相等於「速度基因」的東西存在？答案可能是：沒有。儘管研究證實，認知能力具有很高的遺傳成分，然而這些因素非常複雜，還涉及數千個基因，而且其中沒有哪一個基因具有特別的優勢。由惠康信託基金會人類遺傳中心（Wellcome Trust Center for Human Genetics）在2014年發起的國際計畫，研究了近2,800對雙胞胎，分別找尋數學和語言能力兩者與基因之間的關聯。研究人員發現兩者都有很強的遺傳成分（佔40%至70%）存在，但他們無法指出任何遺傳變異或甚至單獨哪一群的變異就能造成影響。他們得出的結論是：不可能找到一個完全和「數學」或「語言」沾不上邊的基因，因為這些性狀受到太多基因的影響，每個基因的貢獻度都很小。[66]更麻煩的是，認知能力是許多不同生物學機制的結合。簡單的算術遍及整個大腦，而高等數學似乎更局限在特定的神經區域，且涉及大腦不同部位之間的交流。[67]

　　然而專門從事天賦DNA檢測的公司，對於他們只有薄弱科學證據支持產品的行銷，並未因此而收斂。為了支持自己的主張，他們引用了科學研究，幾乎將遺傳變異與每種行為性狀和能力都扯上關係，從音樂到同理心和數字推理。但是大多數人都將注意力集中在引起認知障礙的有缺陷基因上，並且幾乎不適用於那些沒有障礙的人。藉著把複雜的問題簡化為屈指可數的變異，應該會讓你具有優勢。許多天賦公司正在銷售數位化的誇大商品。但是這個市場的存在（儘管是虛幻的），表明了遺傳技術對我們極為重要選擇的影響。

蠻荒西部

　　根據DNA檢測，貝利在成就測驗和智力上是正常的，具有「良好的語言學習能力」，而金潔則「在智力和運動潛力方面相當普通」。問題在於貝利和金潔都是狗，而不是小孩。2018年，一位美國國家廣播公司（NBC）芝加哥分公司的記者和一位部落客，將他們寵物的唾液寄給了不同的DNA公司，想要檢驗這些公司檢測的品質如何。大多數公司因為無法使用，而把狗的樣本排除在外，不予分析。但Orig3n寄回了貝利和金潔的詳細結果，也有人將動物樣本甚至自來水寄送給了這家公司，並且收到了健身和天賦建議的完整報告。[68]

　　這真是令人難以置信，一家DNA公司居然可以犯這樣的錯誤，並且還能夠繼續合法經營。雖然在西方國家，消費者基因體學的醫學應用已經受到衛生當局的仔細審查甚至禁止（誠如我們將在後面看到的那樣），但天賦DNA檢測仍然是合法的三不管地帶，可疑的套件可以不經科學和技術上的品質管控就販售。每個相關醫學學會都提出了反對濫用兒童遺傳檢測的建議，尤其是在未經科學證明的情況下。在中國，檢測兒童的壓力更大，法規

DNA國度

也很少，因此這個議題亟需立即處理。[69]中國的龍頭技術網站TechNode提到，「從許多方面來說，中國的消費者遺傳檢測行業只是在遵循大多數新興行業所走的道路：衝得很快，而且不走回頭路。（……）但是像遺傳檢測這樣的行業，涉及道德的隱憂令人不安。目前，隨著中國消費者遺傳檢測行業不受監管地持續發展，企業必須擔負起尊重和保護用戶的資料，瞭解遺傳檢測道德規範的責任，並為消費者提供可靠、準確的檢測。」這個網站也呼籲終結所謂的「消費者遺傳檢測行業裡無人、無法可管的蠻荒西部」。[70]

　　DNA天賦檢測帶來了前所未有的道德問題，因為它們銷售的對象是父母，但主要的檢測對象是那些成年之後發現自己是被有瑕疵的新興技術當成白老鼠、因而不太高興的孩子們。就像一顆埋伏在未來家庭聚會中的定時炸彈，沮喪的大人們責問父母為什麼他們不能按照自己的意願去藝術學校就讀，而是按照遺傳檢測的指示成為谷歌的工程師。責怪父母已經是每個人最常做的事情，再讓不精確的DNA檢測參與攪和，只會火上加油。

　　我可以選擇以沒有什麼壓力、使出渾身解數，且不急於達成目標的方式，來發掘自己的才華。儘管我來自小康家庭，但我的家人允許我按照自己的直覺，嘗試並隨時改變一系列的行動。我有遺憾，但是每個偏離原定路線的軌跡都幫助我成就了現在的我。如果在我小時候就可以做DNA檢測來檢視我的隱藏天賦，然後積極推銷給我的父母，他們會讓我選擇自己的方向？還是會為了我的未來而堅持我遵循所謂的遺傳素因（genetic predisposition）？如果他們事先知道我的科學素因，他們會送我上鋼琴課嗎？如果我的DNA邏輯測驗得分很低，我是否有機會學習生物學？

　　對於受誘使用這些檢測的父母來說，這些問題變得真實而緊迫。隨著DNA技術的普及，小孩應該遵循自己的本能還是應該遵循基因的難題，可能會成為一般家庭會議上常見的話題。

11 為性而吐——
技術與配對

　　我非常瞭解我的朋友們。因此在一次非正式的晚宴聚會上，當我向大家提到我正在寫一本有關DNA社交網路的書時，我知道話題的風向會轉向哪裡。真正的問題其實是：我可以使用DNA檢測而有一夜情嗎？畢竟如果有那麼多人使用Meetic、Tinder或Grindr這些網路社交軟體，他們是不是也應該要嘗試一下DNA社交網路？

　　答案是，具有令人遐思名字的專業公司，如GenePartners、DNAromance和Pheramor，早就已經填補了這一區塊：他們會檢查你的DNA，並且與最性趣相投的伴侶配對。DNA與Tinder應用程序結合使用的想法很誘人，並且一般來說，約會應用程式存在著廣大的市場。但是它們會成功嗎？

DNA 的火種

　　DNA配對是根據一個編碼所謂人類白血球抗原（Human Leukocyte Antigenes, HLA）的基因家族。你可能聽說過有關HLA移植：這些抗原位於白血球表面，在免疫中扮演著重要的角色。找到HLA相容的捐贈者，是避免移植排斥的必要條件。令人驚訝的是，HLA還影響某些動物如何選擇其配偶，因此它的另一個角色是消費者基因體學裡性相容度的決定因素。確切的機制還不清楚，但許多動物似乎都能聞到並喜歡具有不同HLA抗原的伴侶。

　　這種方法很奇怪，但是具有演化學上的意義。HLA抗原位於對抗微生物的第一線，並且每種抗原都可以識別一定範圍的外源蛋白質：在遺傳資料庫中擁有的HLA類型愈多，就愈有能力與微生物對抗。因此優先選擇具有不同HLA配偶的原因可能是後代能遺傳更多抗原的優勢。DNA約會網站將這種科學概念轉換到我們的性生活上：他們掃瞄客戶的基因體以識別他們的HLA（這些基因是由遺傳決定的，就像血型一樣），並嘗試將具有不同抗原的人加以配對。這些網站聲稱，這種方法可以減少出軌和（咚咚咚……）更頻繁的女性性高潮，進而提高對性生活滿意度的可能！

　　現在請注意囉，如果你還沒有自己跑去檢測，可能會問這東西是否真的有用。答案是：是的，當然囉，如果你是HLA在性擇中具有公認作用的僅有物種——老鼠或魚。可惜的是，至今還沒有令人信服的證據表明人類的擇偶會受到HLA的影響。

　　整個DNA配對產業都是根據瑞士演化學者克勞斯・魏德金（Claus Wedekind）的研究。他在1990年代因所謂的「腋窩實驗」（armpit experiment）而聞名。他要求男性志願者連續好幾天都穿著同樣的圓領衫，然後他將圓領衫放在相同的盒子裡，讓女性聞一下氣味，並說出哪一種氣味更具吸引力。魏德金發現，一般來說，女性偏愛和她具有不同HLA的男性氣味,他得出的結論是:在囓齒動物和魚類中發現的相同 HLA 選擇,對人類也同樣適用。多年來,其他研究人員試圖重複腋窩實驗,除了少數證實魏德金的研究之外,大多數研究人員並未發現 HLA 與吸引力之間存在任何關聯。更令人不解的是,有一項研究報告指出,女性更喜歡與父親具有相同 HLA 的男人的氣味(戀母情結的奇怪分子版本?);而另一項研究則認為,視覺輸入高於氣味的感受,導致女性選擇和自己擁有相同 HLA 組成的伴侶。一項擴展到整個基因體的最新研究也未發現性吸引力與 HLA 之間存在任何統計關聯。還有,即使魏德金的說法正確,遺傳配對的夫婦也應該特別留意女士的避孕程序,因為研究顯示,避孕藥可以暫時逆轉女性對 HLA 的偏愛,這意味著她們會被其他男人吸引。[71]

如果有關 HLA 和性方面的關聯證據,還不夠令人困惑不解,那麼專家們還堅決認為,細菌是決定我們體內異味的最重要因素,遠比 HLA 更為重要,正如你在繁忙的通勤火車上可能會發現的那樣。氣味專家理查德・道迪(Richard Doty)在接受《連線》(Wired)雜誌採訪時說過:「神奇的基因以某種方式與環境中散布的氣味相關聯,並且把我們的魅力傳達給其他人的說法,完全是一派胡言。如果人類的費洛蒙確實引發了我們在其他哺乳動物中所看到的那種行為,那麼紐約的地鐵將持續處於混亂狀態,人們到處互相跳來跳去。」[72]

DNA 約會的科學證據非常薄弱或根本不存在,魅力背後真正的「化學特性」有更多是生物學、心理學和運氣的成分。但是對許多人來說,排除愛情(或只是性行為)中不確定因素的前景,仍然令人心動,這好比是根據自己的星座來尋找伴侶。

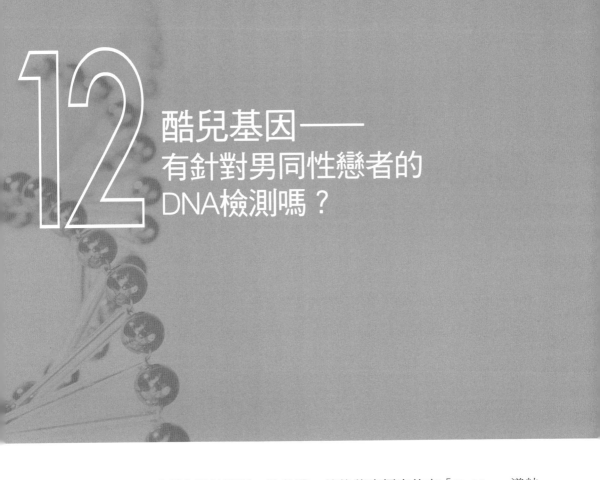

12 酷兒基因——
有針對男同性戀者的
DNA檢測嗎？

　　使用基因體瀏覽器並選擇X染色體。然後將座標定位在「Xq28」，導航會將你一路帶到染色體的端部。你已經抵達目的地：這個遺傳社區是過去30年來「同性戀基因」爭議的起因。

　　這一切都始於1993年，當時由位於貝塞斯達（Bethesda）的美國國家癌症研究所（US National Cancer Institute）迪恩・哈默（Dean Hamer）所領導的研究小組，研究了114個男同性戀家庭，並且在Xq28中發現了可以解釋同性戀起源的訊息。[73]他們並不知道哪些基因和男同性戀有關，所以只能專注在這個地帶，因為從遺傳學角度來看，這個區塊裡男同性戀者之間比異性戀者相似度更高。這個區域很大：如果X染色體是一個基因之城，那麼Xq28則是一個擁有數百個基因的地區。哈默在1993年發表研究報告時，其中還有許多基因是未知的。然而，發現「同性戀基因」的相關新聞迅速在媒體上傳

播開來，引發了同性戀到底是先天還是後天起源的爭議。[74]

不盡然是同性戀雷達

據統計，不論性別、文化、社會、地理和宗教背景為何，大約有2~6%的人可以被定義為同性戀者。有些人是絕對的同性戀，有些人是雙性戀，只有偶爾的同性經歷或同性戀對其有吸引力但沒有發生過性行為。為了說明這種多樣性，研究人員經常使用所謂的金賽量表（Kinsey scale），這個量表的評分範圍從零（絕對異性戀）到六（完全異性戀），在兩者之間還有不同的慾望和經驗水準。根據對雙胞胎的研究顯示，同性戀傾向有30% ～ 40%是來自遺傳，其餘的則受非遺傳因子影響。但是所有研究人員（包括後來成為電影製片人的哈默）都同意，沒有「男同性戀」或「同性戀」基因的存在：性偏好是涉及許多遺傳和非遺傳因子的多因子特徵，其中大多數因子仍然未知。[75]

然而「男同性戀基因」的迷思持續出現在新聞報導裡和深植在人們心中，並繼續扭曲著人們的討論。許多非異性戀（LGBTQ）群體接受基因可以解釋同性戀的說法，即使這意味著遺傳檢測可能會暴露他們的私人性偏好。他們認為，如果同性戀是DNA的問題，那麼這是自然發生的事情，並不是選擇或是社會應該嘗試著去改變的。另一方面，憎惡同性戀者對同性戀是後天所致的任何證據都感到高興，因為它可以證實同性戀在某種程度上是「違背自然」，並且可以利用自由意志、教育、懲罰或其他任何方式加以「糾正」。

另外，任何正常人都不會認為同性戀應該被糾正，科學家還會告訴你同性戀只是另一種行為性狀，就像性格外向，或喜歡前衛搖滾而不是饒舌歌曲。他們在性偏好的問題在於這種行為不是尋常的社會問題。就像遠早的祖先一樣，性偏好會不適當地定義人們的身分、性格和社交生活，一旦這些議題被捲入公眾辯論中，這些領域的遺傳訊息就不會中立。《金賽報告》在1948年揭開了美國人性生活的面紗時，曾經引起了震驚和憤怒。翌年英國對其國人的性行為進行了首次全國性調查（被稱為「小金賽」），調查結果隨即受到查禁，並且直到2005年才公布。在1965年一部探討義大利人愛情與性觀念的紀錄片《幽會百科》（*Comizi d'Amore*）中，詩人導演皮耶·保羅·帕索里尼（Pier Paolo Pasolini）採訪了義大利人的性生活，影片被評為禁止16歲以下兒童觀看的限制級，並成為議會質詢的對象，還被貼上了「不知羞恥」的標籤（這部電影現已列入義大利前100名電影的正式清單）。[76]

如今西方社會已不再那麼固執己見了，但是禁忌、成本和對引發相當棘手的社會難題的恐懼，仍然阻礙了對性行為的研究。

DNA社交網路為這個微妙而又充滿社會色彩的話題注入了一股新的風氣。這些平台允許唾液受測者從自己家中匿名提供訊息，這可能有助於回答敏感問題，而且他們有趣的、眾包的環境鼓勵人們參加調查。23andMe進行同性戀遺傳學的首次研究時，有11,000位唾液受測者熱情地加入調查行列。23andMe負責這項研究的科學家艾蜜莉·德拉本（Emily Drabant）解釋，與典型的學術環境相比，23andMe的DNA社交網路上的工作要容易得多，並說用戶自己還提出了研究這個主題的想法。[77]研究並沒有發現與同性戀有關的任何重大變異，但幾年後，這個平台的69,000名客戶與波士頓布羅德研究所（Broad Institute）和英國政府的生物資料庫（UK Biobank）合作進行了另一項大規模研究，研究提供了超過40萬份DNA唾液樣本和問卷，這是同性戀遺傳學最大規模的研究。這項研究的主導者安德里亞·甘納（Andrea Ganna）在2019年正式結果發表之前，在聖地牙哥的會議上對一群觀眾說：「我很高興跟大家宣布，並沒有『男同性戀基因』這回事存在。」

他的小組將5個DNA變異與男女同性戀行為加以連結，但每個變異對這

種行為的貢獻度都很小，而且在異性戀男子中也經常發現相同的變異，只是頻率較低，因此無法透過檢測來預測某人是否會是或將是同性戀。他們總結道：「與人類其他性狀一樣，人類的性行為也受到遺傳因子、環境影響和生活經歷的複雜影響。」[78]

性取向很顯然具有遺傳成分，但是由於過於複雜而無法歸結到DNA的結果。如果你正在尋找一種DNA檢測來預測你的孩子、你的配偶或你自己的同性戀傾向，那麼你可能永遠都找不到。

浪費時間？

在一個人們有權享有其性偏好的自由社會中，為什麼我們要開始調查同性戀的遺傳學？這是一個中肯的問題。儘管有一些頑固的保守派人士對同性戀有意見，但是同性戀並不是病態，那我們為什麼要繼續花時間和金錢研究呢？當人們在我的會議上問我這個問題時——而且它還滿常發生的，身為科學家的我有一個答案，而作為公民，我有另一個答案。

作為科學家，我對這些研究感到興奮，因為它們是進入我們心靈的絕佳窗口。任何旨在瞭解我們行為的嚴肅研究都應該引起我們的興趣，並且可以增進我們對人腦的集體知識。好奇心驅動的研究是科學的動力：有一天，研究同性戀背後的基因可能有助於瞭解我們的大腦如何運作，甚至可以治療老年癡呆症或發明新的藥物來治療癌症。

另一方面，作為公民，我的回答比較簡單：我相信人們應該忘記任何「同性戀基因」，而應該將重點放在自由自在生活的權利上，而讓人過他們自己的生活。關於同性戀遺傳學的研究在科學上是有趣的，從這個意義上來說，它值得繼續，但是我們不需要基因來為同性戀辯護或譴責他們，因為根本沒有任何證據可以辯護或怪罪。非異性戀者是與生俱來還是選擇的取向，這個爭論是認知陷阱：人們不必為其他法定的成年人辯護自己的性取向。即使科學證明同性戀是純粹遺傳或純屬後天所致，就算已知後者是錯的，我們也不在乎。

　　社會必須接受這樣的事實：每種文化中都存在同性戀，而性事是個人問題，無論它是取決於基因、選擇或兩者皆然。

13 謝謝你的口水——
用DNA協助研究

　　出於好奇，我上23andMe的網站登錄註冊；現在換這個網站對我感到好奇。它的演算法是追根究柢式的，不斷以問題煩我：「你抽煙嗎？」、「你什麼時候學會寫字？」、「你六歲時尿過床嗎？」、「你會吹口哨嗎？」、「你有雀斑嗎？」、「你經常哭嗎？」、「你能扭動鼻子嗎？」

　　我沒有義務要回答，但是我很感興趣，再說在彈出窗口中勾選一個方框又沒有任何損失。不，我無法扭動我的鼻子。是的，我會吹口哨。像五歲的孩子一樣，這個演算法對我的答案從來不曾滿意過。每當我完成一個問題以後，都會再出現另外一個，然後再一個。「你是何時變聲的？」、「你睡覺打呼嗎？」、「你是被收養的嗎？」

　　但是23andMe並不是一個好奇的男孩，一連串的問題也不是遊戲。這個網站雖然有我的DNA，但是對我一無所知，因此非常需要這些訊息充實我

的個人檔案。這些演算法想要知道我的病歷、生活方式和喜好。他們問我是否曾經中風，有過腫瘤或腸道寄生蟲？我曾經服用過哪些藥物？我成年後有學習第二外國語嗎？我喜不喜歡球芽甘藍？經由回答這些問題，我可以協助DNA公司發展其龐大的資料庫，並將人們數百萬的DNA和他們的性狀連結起來。在我勾選完每一個方框之後，這個網站感謝我為研究提供的幫助。我光著腳丫坐在沙發上，一邊拿著筆記型電腦，一邊還看著電視節目，然後有人告訴我，我正在為遺傳學研究做出貢獻，感覺很不真實。

眾包研究

讓我們做一個10億美元的實驗。史蒂芬是個50多歲的男性，他沒有任何健康問題。麥可與史蒂芬同齡，生活方式和家族史也大致和史蒂芬相同，只是他在幾年前得過中風。有一個遺傳因子可能是史蒂芬和麥可之間，以及其他健康的人和中風患者之間的差異。針對這個罪魁禍首的基因，你可以設計一個DNA檢測在中風之前先行預測風險。這個基因甚至可以解釋為什麼有些人會中風，並且可以在未來幫助開發新藥，你要如何找出這個基因呢？

你不能只比較史蒂芬和麥可的DNA。根據統計，每個人之間大約有600萬個不同變異的差別，只是你永遠無法知道哪個變異對某個疾病極為重要。所以你需要做的是使用統計算法解碼數百個甚至數千個健康人（如史蒂芬）的DNA，並且將它們與中風患者（如麥可）的DNA比較。運氣好的話，結果將可以識別出一種或多種在中風患者中更為常見的變異。當研究範圍擴展到所有的DNA時，這種比較稱為全基因體關聯分析研究（Genome-Wide Association Studies, GWAS），它們在現代基因體學中無處不在。每當你解讀一個與複雜性狀相關的新基因時，這些訊息就可能是來自GWAS。通常這不是個絕對情況：即使史蒂芬具有某些「健康」的變異，他也會患上這種疾病，儘管麥可具有某些「不良」變異，他也有可能不會中風，但是統計數據會告訴你，具有不良變異的人會比較容易生病，這對進一步調查來說，是一個很好的提示。

GWAS的問題在於它們又長又昂貴。研究人員必須找到並招募志願者，取得他們的病歷，根據他們的年齡層、生活方式、症狀或其他參數將他們分為同質性的群體，取得他們機構倫理委員會的書面同意和許可，收集志願者的DNA，安全地儲存樣本，解碼DNA，並研究檔案。

DNA社交網路及其煩人的查詢在這裡改變了遊戲規則：當客戶們在基因社交網路註冊後，他們需要寄出自己的DNA，這是公司進行GWAS所需要的前半部動作。剩下的後半部是關於客戶的個人資訊：他們的長相、疾病、藥物治療、習慣、偏好、怪癖，以及研究人員可以研究、並與DNA關聯的任何其他個人性狀。為了取得這些寶貴的資料，23andMe會及時地用問題來煩擾它的成員，[79] 每個答案都會在性狀拼圖上增加一塊。這個方法很有用：在我螢幕上彈出的每個調查表背後，都有一個潛在的GWAS，我會經由提供自己的遺傳材料和答案，默默地自願提供了協助。

這個系統的整個架構是一個連接客戶們DNA檔案的網路，只需輕輕一按，就可以完成GWAS，而所需費用僅是功能類似實驗室研究的一小部分。無論你是在客廳、火車上還是星巴克，無論你是登錄遺傳社交網站尋找表親，還是只是想看看為什麼自己不喜歡朝鮮薊，都可以加入一個集體實驗。這些網路的娛樂外觀掩蓋了正在改變研究和醫學的技術革命。由於DNA和我們的性狀同為科學發展裡的瑰寶，因此唾液受測者實際上正在幫助研究推展。

23andMe是第一個將此眾包方法應用於遺傳研究的公司。這家公司的科學家尼克・埃里克森（Nick Eriksson）2009年讀到在《新英格蘭醫學雜誌》（*New England Journal of Medicine*）上發表的一篇報告，指出有一個

來自全球16個中心的研究團隊，已經解開了巴金森氏症與一種稱為高雪氏症（Gaucher's Disease）的罕見疾病的遺傳關係。這是一個長達8年、耗資將近數百萬美元的GWAS。埃里克森想知道他是否可以從供試客戶口水，其中有一些自稱是巴金森氏症和（或）高雪氏症患者的DNA獲得相同的結果。他用電腦在20分鐘內便重複了同事的研究結果，不同的是，他並沒有接觸到任何一個病人。[80]

　　一年之後，他的團隊運用相同的策略發現了與眼睛顏色、雀斑和其他性狀有關的許多變異，並將結果發表在頂尖的科學期刊《公共科學圖書館遺傳學雜誌》（*PLoS Genetics*）上。[81]這個研究並非開創性的，因為它只著重於在醫學上沒有重大影響的細微性狀，但是這是在消費者基因體學被大多數科學家們鄙視，並標記為「娛樂性」甚至是危險的領域時，以基礎原理上的證明，讓大家知道它也可以在嚴謹的研究中佔有一席之地。

　　生物技術界也悟出了這樣的道理：來自唾液受測者的網路自我報告資料的質量可能低於實驗室收集的數據，但是它們的數量和方便性彌補了這些限制。現在已經有數百個主要的GWAS完成，其中包括對巴金森氏症、糖尿病、哮喘、潰瘍、精神分裂症、癌症和數十種其他疾病和性狀（包括其性偏好）進行網上調查的人。就像在第12章曾經提及有關同性戀者遺傳學的研究，其中包含來自23andMe和英國生物資料庫的數千名志願者的案例一樣。當這些研究發表在科學論文上時，唾液受測者因參與該研究而得到了集體謝詞。[82]

免費的祝酒者

　　23andMe是第一個投入龐大、有商機的遺傳大數據市場的DNA社交網路，也是第一個與製藥公司簽訂數十萬美元交易協議的公司，只是現在已經無法獨佔市場。除了族譜巨人AncestryDNA.com利用其龐大客戶群的DNA收集可追溯到18世紀的眾包家庭資料庫，並開始銷售生物醫學研究的資料之外，還有其他公司也加入戰局。對於這些平台，DNA套件就是眾所周知的「免費的祝酒者」，而真正的產品是唾液受測者的訊息：分析的費用勉強足夠支付成本的開銷，但是利潤來自收集用戶資料並以匯總形式出售給學術實驗室和製藥公司。後者發現利用DNA社交網路的功能比建立自己的資料庫更方便、更便宜。[83]

這種經營模式類似於臉書、IG和谷歌等社交媒體，它們提供免費服務以交換用戶資料。而且由於DNA技術成本的下降，基因體公司現在甚至可以免費或以象徵性的價格提供檢測，以吸引新的參與者並增加他們資料庫的變異數（variability），例如，23andMe已向非洲裔美國人客戶提供了免費工具包，因為他們在資料庫中的代表性仍然不足。

參與研究的非營利機構也對使用這些平台感興趣。麥可·J·福克斯（Michael J. Fox）基金會是全球巴金森氏症研究的最大私人贊助者，已經建立了一個名為Fox Insight的並行社交網路，其中有4萬多人與研究人員共享健康和遺傳資料，並與23andMe合作為巴金森氏症患者提供免費的DNA檢測套組。Patientslikeme.com是一個自助式社交網路，有數百萬人討論各種疾病和治療方法，並共享遺傳訊息，這家公司還與對用戶資料感興趣的製藥公司達成了協議。[84]

誰擁有你的基因？

所有主要的消費者基因體學網站都聲稱，你的DNA訊息仍然是你的資產，但是由於訊息全都已經轉換為數位內容，很難預測它們會被用在哪一方面，以及如何使用，況且每個公司都有不同的政策，例如，如果與23andMe

簽約，我就授予該公司完全權限，可以對我的資料進行任何他們想做的事情，只要他們保持匿名並與其他唾液受測者資料並用即可。我唯一要做的決定是，是否將我的訊息用於需要獲得同意才能符合生物倫理規則的科學出版物——大多數科學期刊就是如此要求。但是這家公司仍可以將匯總資料出售給如製藥公司這樣的第三方，這些第三方通常對於在科學期刊上發表研究幾乎都沒興趣。[85]

由於合約條款的說明並不是很明確，我不得不查看他們網站的其他部分以找到關於這一點的附屬細則。我很確定，大多數唾液受測者不會花時間閱讀所有條款，也不知道公司可不可以使用他們的樣本。

許多唾液受測者具有既是付費用戶又是捐贈生物材料志願者的雙重角色，這是前所未有的，而且還引起了新的生物倫理問題。當埃里克森和他的23andMe團隊在2010年將他們的研究結果投稿到《公共科學圖書館遺傳學雜誌》時，編輯們花了6個月的時間討論這項研究是否符合該期刊所要求的生物倫理標準。編輯們及其顧問們辯論是否將唾液受測者視為參與項目的志願者或客戶。在第一種（視為志願者）情況下，他們應該要簽署書面同意書，並且不應該為檢測付費，因為根據生物倫理學規則和法律，研究志願者在參與醫學實驗時，不應繳交任何醫療或診斷程序的費用。

生物倫理標準的設置是為了保護研究參與者免受濫用並保證資料的質量，但是這些標準的制定是針對僅於實驗室和醫院中進行的研究，而不是安坐沙發上，同時也是志願者的客戶所組成的社交網路上的研究。

《公共科學圖書館遺傳學雜誌》最終批准了埃里克森的文章發表。編輯們解釋，他們的決定「可能會不符合某些、甚至許多讀者的期待」，但是他們也承認，世界正在改變中。套用一句學術用語，他們說免費祝酒者模式在遺傳科學中是前所未聞的，但是它確實可行，而且他們並不覺得未來會有生物倫理大決戰——只是需要提升某些根深柢固的程序，以適應DNA社交網路的新現況。《公共科學圖書館遺傳學雜誌》是一本對科學界具有重大影響力的期刊，它的正面積極觀點有助於這種新模式在學術界被接受，現在看來還算令人相當滿意。到目前為止，還沒有其他高影響力期刊反對收集這些資料。[86]

　　新一代的基因體公司正在嘗試通過使用區塊鏈（與比特幣等加密貨幣所使用的技術相同）來超越免費祝酒者模式，以交換資料並維護用戶的匿名性。其中一個例子是由哈佛醫學院遺傳學家喬治‧丘奇（George Church）共同創立的星雲基因體學（Nebula Genomics），他保證未經客戶同意，絕對不會與第三方共享資料。多虧了區塊鏈，唾液受測者一方面可以與研究人員取得聯繫，另一方面又可以保持匿名，只有在他們同意之下，才會公開其遺傳資料。

　　這個系統只會追蹤交換，而不會追蹤資料的相關事宜，並為唾液受測者分配因為服務所得到的報酬。諸如LunaDNA、Zenome、Longenesis和Nebula之類的平台出現時，DNA社交網路的經營便有不同的理念。他們在提供DNA檢測和個人化報告的同時，也允許唾液受測者保留他們的資料所有權，讓他們決定要為哪些項目貢獻，以及希望與哪些科學家和研究專業人士聯繫。

　　還有一些公共資助的學術計畫，正在參與以非營利目的收集人們的DNA和性狀。從這些計畫中獲得的報告通常不會玩弄什麼把戲，而且它們是免費的，並且可以在公共或學術道德委員會監督下，以清楚透明的規則，為參與者提供為研究貢獻的機會。

　　英國政府在2013年啟動了10萬個基因體計畫，解碼志願患者的全部DNA解碼，將他們的遺傳資料與來自國家衛生局（National Health Institute, NHS）的電子訊息整合在一起。基本上，向NHS註冊的每個參與者的診斷、處方和醫學檢驗都與個人的DNA連結在一起，並發送到資料庫中增加資料，提供已經被批准的研究人員自由使用。

這個計畫利用「黑盒子」方法，對患者的識別資料編碼，並且與DNA和病歷分開，研究人員只能公布匯總的資料，而不能發表單一的個人資料。2018年，這個項目已經達到其同名目標，即在其資料庫中擁有10萬人，並已擴展到100萬人的資料，預計對醫學研究將產生巨大的影響。

哈佛醫學院發起的個人基因體計畫（Personal Genome Project, PGP）現在已經在英國、奧地利和中國都開設了分會，它的目標與英國的基因體計畫相似，但是在隱私保護的方法則完全不同：明確要求PGP提供者的個人資料可在該計畫的網站上公開取得（我在本書後面有關隱私的章節會再回頭討論這兩個例子）。

天生就是愛社交

基因體社交網路儘管有其重要性，大多數學術界仍然對它嗤之以鼻。在大多數醫生的眼中，消費者基因體學曾經（現在仍然）與使用DNA檢測來預測疾病可能性有關，早期的科學論文甚至將推測血統的方法戲稱為「娛樂基因體學」，因為它們是合法科學的窮人版本。遺傳學家詹姆斯·伊凡斯（James P. Evans）在2008年消費者基因體學問世之初，在《醫學遺傳學》（*Genetics in Medicine*）投稿中提出：「我們應該注意不要將娛樂與有用的醫療訊息混淆。運用這項有前景技術的醫生和供應商，除了從缺乏資訊的消費者那裡獲利之外，必須想辦法做更多事，我們應該努力使這些訊息得到徹底的理解，並且適當地應用於實際的福利政策上。」[87]

這種家長作風的方法將DNA社交網路貶低成毫無意義又危險的做法，絕對是十分離譜的行徑。個人基因體學中娛樂性、社交性的部分並不是廢棄物：它是帶動數百萬人共享其DNA的誘餌，讓他們間接為研究貢獻。我們都以DNA做為遺傳物質，利用消費者基因體學，我們將有無數機會來討論我們的血統、身分、歷史、易感性、怪癖，以及關於我們基因的其他瑣事。如果你正在尋找完美的社交內容，那麼很難找到更好的選擇。只需在谷歌上搜索「我的DNA」或「DNA檢測」，你就會在臉書、推特或IG上找到成千上萬的Youtube影片和熱烈的討論，上班族、母親、學生（換句話說，各個不同年齡層和社會背景的人）都在這裡談論跟他們的基因相關的事。[88]

　　血統是流行趨勢產品裡最熱門的項目，但是你會發現各式各樣的討論主題：有見多識廣的用戶謹慎地討論變異和風險的百分比；也有尋求有關身體狀況的答案並分享希望和憂慮的人們；還有莫名其妙的疑心病患以他們對疾病的遺傳風險（大多數是沒有根據的）疑神疑鬼的心態去騷擾他人；被收養者試圖追蹤他們的原生家庭。然而在大多數情況下，唾液受測者只是試圖滿足知識上的好奇心，並使用DNA結果作為交換故事和社交的素材。23andMe論壇甚至還開設了一個名為「猜猜我的種族」的自戀版塊，這個版允許大家發布自拍照，並要求其他人對自己的血統發表意見，之後再揭露自己的遺傳結果。

　　DNA已經根植於大眾文化之中，而創意人員也已經開始注意到這一點。2016年，全球旅行搜尋網站Momondo藉由跟AncestryDNA合作，以贈送DNA檢測套組的方式發起了行銷活動。你可能已經看過他們人氣超夯的影片：不同國籍的人接受遺傳檢測，結果顯示出他們的真實血統時，大家的情緒變得十分激動。影片剪輯後來成為一個成功的反種族主義宣言，並在網際網路上引起一陣轟動，僅YouTube上的點閱次數就超過2,000萬次。另外，芬蘭政府在2017年為紀念獨立一百週年，針對外國遊客推出了稱為「極致交響曲——與生俱來的芬蘭DNA」（The Symphony of Extremes—Born from Finnish DNA）、富有想像力的活動 。他們從國內各地收集大家的DNA，並邀請重金屬大提琴樂隊啟示錄樂團（Apocalyptica）根據這些序列的字母創做了一首全新的音樂作品，得出有趣的結果。此外，根據DNA而設定的廣告不再像是科幻小說裡的情節，正如我們稍後在談論隱私權時所看到的那樣。所有這些應用程序是一種已經滲入社會，並正改變我們日常生活技術的最明顯標誌。[89]

第三部 預知
健康與你的遺傳未來

「我的反應很正常。我的多樣性符合標準。」

—— 華德·希蒂（Walter Siti），

《太多的天堂》（*Troppi paradisi*），2006

布朗博士：「馬蒂，拜託請不要跟我說，

我們不需要多知道一些跟自己命運相關的事。」

——《回到未來》（*Back to Future*），1985

14 預測地震——
瞭解你的疾病風險

　　莫妮卡（Monica）是位個性活潑，輪廓分明的女性。她看起來非常健康，就像你會在山間小道上看到背著帆布包、邁開大步、精神抖擻的人一樣。有一天她站在米蘭附近公寓的前門和鄰居聊天，談話逐漸熱烈起來，也許只是老朋友間的熱烈討論，之後不會有人記得談話的內容。但是莫妮卡覺得有點心神不寧，她看來很焦慮。突然間，她舉起手摀住胸口，在面露恐懼的朋友們面前倒地不起。她躺在那裡，一動也不動。

　　後來醫生確認莫妮卡的心臟發生了心室纖顫（ventricular fibrillation）。想要瞭解心臟在這種情況下會發生什麼事，讓我們做個比喻：你在外出跑步時，小腿肚突然抽筋，如果這種情況發生在心臟肌肉，會讓你的心跳忽然停止，並陷入持續的痙攣，血液無法流向動脈。除非這時候有人或某物（如去顫器的放電）來中斷症狀，否則心室纖顫幾乎是致命的。如果一切順利，心

跳會恢復跳動。但是莫妮卡倒地當時，附近並沒有人有去顫器，莫妮卡的鄰居們也不知道到底發生了什麼事。他們只是看到有個女人面色蒼白、寂然無聲地躺在地上。他們絕望地看著彼此，然後發生了一件令人驚奇的事情：他們會記得這是一個奇蹟。

※   ※   ※

西爾維婭・普里歐里（Silvia Priori）是個苗條的女子，她那炯炯有神的藍色雙眼，讓人有種不亢不卑的印象。她的談話總是平靜而有說服力：對於像她這樣必須面對情緒可能會導致死亡的患者的人來說，這絕對是一種優勢。普里歐里在帕維亞大學和紐約大學教授心臟病學，多年來一直在研究猝死的遺傳原因，試圖瞭解為什麼某些（顯然健康良好）年輕人會突然因為心臟病發作而喪命。

普里歐里對莫妮卡及其家族的歷史非常瞭解。莫妮卡的姊妹14歲時在學校因為心臟病去世，然後另一名姊妹在16歲時也在類似情況下過世。在失去第二個因心臟衰竭而不治的姊妹之後不久，莫妮卡曾經向普里歐里尋求幫助。她覺得自己的家人在冥冥之中受到死亡命運的詛咒，並且開始懷疑自己是否會是下一個受害者。

透過普里歐里小組所做的DNA檢測，得出一個既拗口又令人不自在的名字：兒茶酚胺依賴性多形心室頻脈（Catecholaminergic Polymorphic Ventricular Tachycardia, CPVT），這是這個小組正在研究的一種罕見的遺傳性疾病。患者生活在瀕臨崩潰的邊緣：強烈的情緒反應或用力過度，都足以使心臟跳動達到顫動的程度，這通常會有生命危險。CPVT不容易被察覺：幾乎沒有徵兆，除非醫生刻意去檢查，否則通常像心電圖這種例行性檢查也偵測不到。這種潛在的危險仍然隱藏在你的DNA中——一個等待機會的殺手未經事先警告便襲擊你。

研究人員檢視莫妮卡的DNA，得出了結論：她的家族裡發生了一個與CPVT嚴重型有關的突變，且根據檢測結果和她家族病史，她有大約70％的心室纖顫風險。這項遺傳判決告訴她，她很可能成為下一個受害者。在診斷的當天，莫妮卡回到家之後就已經知道她每天的處境都岌岌可危。

僅僅幾個月之後，她就失去生命跡象，倒地不起了，四周還圍繞著被嚇壞了的鄰居。

※　　　　※　　　　※

時間一分一秒過去了，卻又像是一輩子的時間。莫妮卡的身體一動不動，沒有脈搏，只有突然間出現的不規則抽搐。

假設只能從內部進行急診復甦、沒有醫生為患者在胸部貼上金屬墊、喊著「淨空！」這就是現在莫妮卡所面對的情況，在她身旁沒有任何明顯的設備，只有驚慌失措的鄰居在絕望中看著倒地不起的她。但是在她的胸腔內部，有一個微型電子救生器在運作，產生了心臟重新跳動所需的震動。在DNA檢測證實了莫妮卡罹患CPVT後不久，她在胸部植入了微型自動心臟去顫器（automated defibrillator），隨時準備在心律不整的第一個跡象時啟動，這是像她這樣的高危險群患者的常見手術，而且它也即時發揮了功能。生命跡象再度顯現在莫妮卡臉上，她的臉頰回復顏色，脈搏也恢復跳動。她受到驚嚇、讓鄰居感到困惑，但是她活下來了。

我在莫妮卡發生可能致命的事件過後幾年遇到了她。她戴著一個看起來像是護身符的心形大吊墜。她在一個電視節目裡談到自己的瀕死經歷時，我正好是這個節目的撰稿人。她接受訪問時，普里歐里就坐在她旁邊，每當節目中間進商業廣告時，她都會問莫妮卡有沒有哪裡不舒服。普里歐里後來跟

我說，看到莫妮卡如此激動，她很擔心莫妮卡在訪問中突然病情發作，還好一切進展順利。那天晚上，全國觀眾都聽到了一個有關及時進行遺傳診斷如何避免悲劇發生的故事。毫無疑問地，這並不是一次愉快的經驗：莫妮卡仍然記得電擊灼熱時所產生的疼痛，就像她後來告訴我的那樣：「好像被踢到胸口的感覺」，這是許多去顫患者所描述的疼痛。從那時起，在定期服藥控制下，她得以過著正常生活並陪著孩子成長。對於莫妮卡來說，DNA檢測是防止死亡的保證，是一種對抗殘酷的遺傳命運的方式，這種命運幾乎毀了她的家庭。這不是救護車和標準去顫器能及時發揮的功能。

世界上有許多其他人像莫妮卡一樣，已經受益於用於令人衰弱或致死性疾病的預測性DNA檢測。這其中的每一個故事都是科學奇蹟，但並不常發生。自1953年華生和克里克宣布他們終於發現了DNA的結構以來，鑑定威脅生命的疾病的風險，並在悲劇發生之前就加以預防，一直是遺傳學家夢寐以求的事。然而直到最近，預測性DNA檢測仍然只針對少數具有明確遺傳起源的疾病，但大多數人從未聽說過這些名字。目標是像莫妮卡這樣具有罕見突變的病人，通常是以父母和兄弟姐妹等家族成員有死於遺傳性疾病的顯著家族史為關注對象。

情況已經有了改變。對人類基因體的瞭解，提高了我們的期望標準，現在例外已經成為尋常事件：新一代技術使每個人，甚至是完全健康的人，都可以在不離開家的情況下，容許掃瞄其DNA。

消費者基因體學（或至少其中一部分）的前景是將預測科學的奇蹟推廣到每個人，甚至包括沒有家族病史的人，並尋找糖尿病、癌症、中風和失智症等常見疾病的風險。

神探夏洛克對決絕命毒師

　　試想將疾病視為一個犯罪現場，這裡有一位受害者：一個有肌肉萎縮症（muscular dystrophy）的嬰兒、一個有腫瘤的男人、一個有阿茲海默氏症的女士、10 億個糖尿病患者。一字排開的犯罪嫌疑陣容包括：罕見的 DNA 突變；數百種常見的基因變異；非遺傳因子，如飲食、吸煙、高血壓、膽固醇水平、生活方式、在嬰兒時期受到感染之後就被遺忘的病毒、免疫系統、日照、飲酒和藥物。哪一個才是問題的起因？我們應該尋找一個犯罪者還是一幫兇嫌？破案從來都不是一件容易的事，但是要歸咎於單一缺陷基因的單基因疾病比多因子疾病更容易找出原因，後者取決於遺傳因子和非遺傳因子的交互作用。

　　單基因疾病就像老式驚悚片一樣，都是一個曲折離奇的故事，而罪魁禍首（有害的基因突變）總是在結局時才會揭曉。如果可以對單基因疾病做 DNA 檢測，遺傳學家便可以追蹤一個簡單的家譜圖，以判斷一個人是否染病或成為一個健康的帶因者（carrier），並計算出將這種疾病遺傳給後代的確切風險。如果說**單基因疾病**是經典的恐怖片，那麼**多因子疾病**就是情節豐富而複雜的犯罪系列，其中遺傳和非遺傳因子的犯罪網路共同促進病理學的發展。想像一下《絕命毒師》（*Breaking Bad*）、《毒梟》（*Marcos*）和《火線重案組》（*The Wire*）的情節結合，只是情節更複雜。

　　這些遺傳和環境因子像一群幫派份子，不會單打獨鬥：它們彼此串成一氣或相互鬥爭，一起產生累加或補償作用，而且其個別能力隨時間而變化。至於多因子疾病，它們是無法經由查看單個基因或一群基因來預測、甚至理解其過程：以現今的技術往好處想，是盡可能找出風險最高的因子，並確定各個風險所佔的百分比，就像每個陪審團判處較大犯罪份子中的從犯一樣。演算法可以嘗試透過累加所有已知的風險因子，並使用統計學上的方法來評

估整體的風險。因此對多因子疾病進行DNA預測檢測的結果，永遠都不會有明確的答案，通常只是基於不完整的計算所得到風險的百分比。

單基因疾病：罕見而簡單

單基因疾病除了眾所周知的囊狀纖維化（cystic fibrosis）、杜興氏肌肉萎縮症（Duchenne Muscular Dystrophy）、紅綠色盲（daltonism）、血友病、鐮刀狀貧血症和地中海型貧血（thalassemia）之外，還包括其他6,000多種疾病，每種疾病均由獨特的基因突變引起。它們通常很少見（有些極少見，在全世界僅影響幾十個人），並且按照可預見的方式遺傳。[90] 在本章一開始的故事主人翁莫妮卡身上所發生的，就是一種單基因疾病：當醫生發現她的DNA發生一個突變時，他們知道她極有可能發生心源性纖顫，還有，可以藉著在胸腔中安裝一個設備來防止她死亡。

在消費者套件中通常將一些單基因疾病的結果，歸納在稱為「帶因者身分」（carrier status）的部分。顧名思義，其目的不是診斷現有的遺傳疾病（這最好在專門中心進行），而是要判斷即將為人父母者，是否為隱性單基因疾病的健康帶因者：如果父母雙方都是帶因者，他們會有生育病童的風險。這些報告沒有什麼多餘的浮華虛飾：它們只是告訴你是否是隱性基因的帶因者。很重要的是，這些檢測很少涵蓋導致疾病的所有已知突變：如果你屬於危險群，或者有遺傳病的家族病史，那麼必須諮詢遺傳學家，請他們開具更具體的DNA分析處方。

由於單基因疾病很少見，因此兩個帶因者通常不會碰在一起。但有某些突變在特定人群中很常見，增加了即將為人父母者的風險，例如鐮刀狀貧血症和地中海貧血是紅血球的兩種遺傳疾病，在某些地中海地區以及亞洲部分地區很常見。多年來，義大利醫療保健體系一直免費為來自地中海貧血發生頻率較高的兩個島——西西里島和薩丁尼亞島（Sardinia）——的夫婦提供帶因者的身分篩檢。阿什肯納茲猶太人族群極易發生其他罕見的單基因疾病，如戴薩克斯症（Tay-Sachs）、尼曼匹克氏症（Niemann-Pick）或高雪氏症。在這些社群中，鼓勵婚前先做帶因者檢測，並且有報導說，年輕情侶在得知他們倆都是陽性反應之後就分手了——這並不是最浪漫的解決方案，而是在有常見且致命疾病的族群裡，經常需要做出的決定（在阿什肯納茲猶太人口中，每25人中就有1人是戴薩克斯症的帶因者，這種病對於新生兒是目前無法治癒的毀滅性疾病）。

如今一種稱為胚胎著床前植入基因診斷（Pre-implantation Genetic Diagnostic, PGD）的技術正在改變許多帶有遺傳病風險夫婦的生活，從而消除了不必要的分手或流產的可能性。在PGD中，胚胎是從夫妻的卵和精子經由體外受精產生的，並做了DNA檢測，以選擇沒有發生突變的胚胎。

多因子疾病：常見且複雜

包括癌症、糖尿病、心血管疾病和失智症，這些都是對我們健康具威脅性的常見多因子疾病，它們讓事情因此變得非常複雜，並且讓預測變得難以捉摸。

以第二型糖尿病為例，這種疾病影響全球約十分之一的成年人。遺傳因子僅佔糖尿病風險的20%，包括數十種、也許數百種變異，每個變異的影響力都很小。另外80%的風險取決於非遺傳因子：食物、運動、壓力、吸煙、飲酒、藥物和許多其他我們想像不到的因子。當我焦慮不安地打開報告，其中看到我對十幾種常見和令人恐懼的疾病，包括糖尿病、中風、心臟病和幾種不同類型腫瘤的遺傳易感性時，這種心中五味雜陳的感受顯而易見。每個結果都以根據我的DNA計算所得的風險百分比顯示，與我這個年齡層和同

種族的人的已知風險相比較。它們以簡單的報告形式呈現，但是在它們之下就像原子能發電廠的控制板一樣：數百個紅色和綠色的燈閃爍著幾乎無法解碼的圖案。每個百分比都是根據在不同時間和地點進行的數十項研究與不同變量相關的風險比較而得出的，這些研究通常會出現矛盾的結果。

　　語言學家史蒂芬‧平克（Steven Pinker）是最早對自己基因體進行定序的人之一。在看到報告之後，他對整個情況做了以下的生動描述：「評估基因體資料的風險並不像使用帶有亮藍線的驗孕檢測套組那樣明確。反而更像整理一篇有一大堆龐雜參考文獻的主題期末報告。不同樣本數、年齡、性別、種族、篩選標準和統計顯著水準之間的矛盾研究都會讓你不知所措。23andMe公司裡的遺傳學家會篩選這些期刊，並做出最佳判斷，以確定哪些關聯是嚴謹的。但是這些判斷必定是主觀的，很快就會過時。」平克在這裡所謂的過時，根據的是隨著新研究的發表和新變異的發現，風險預測會不斷更新的事實，從而影響到你的研究結果。例如，在我唾液檢測的初期，由於新的研究被納入估計之中，我罹患攝護腺癌的風險在一週之內從「略有增加」轉變為「低於平均水準」。[91]

　　面對這些不確定的預測，大多數人都會覺得自己好像加利福尼亞州州長或日本知事，面對隨時可能發生的地震，但是無法判斷地震的時間、地點和強度。忽視真正危險的後果不堪設想，但是如果只要一有任何風吹草動就將城市淨空，那麼就會擾亂市民們的生活、經濟，最後甚至導致失業。從這個意義上來看，地震和疾病易感性的預測是相似的：你必須衡量可接受的風險，並確定採取行動的閾值，只是所有你可以用來下判斷的根據，卻是一堆令人困惑的報告與在不同地方、使用不同方法測得的風險機率。談到避免災難，無論它們來自地球殼深處還是我們的基因，都會讓我們難以下決定。

15
自主的錯覺——
決定你想知道什麼

　　查爾斯‧「恰克」‧華萊士（Charles「Chuck」Wallace）是來自美國德克薩斯州的55歲粗獷男子，但是當他談到拯救他生命的DNA檢測時，眼淚便奪眶而出。他的故事曾經被已歇業的基因體公司DeCODEMe拍成影片。這一切都始於完全符合健康條件的恰克（在醫生建議下）將唾液送到DeCODEMe檢查，檢驗報告指出，他的前列腺癌遺傳風險高於一般人的平均值，促使恰克做了活體組織切片檢查，因而發現了一小塊局部腫瘤。這就是讓恰克百感交集並流淚的原因：考慮到動手術帶來的尿失禁和陽痿的風險，他談到了切除前列腺的決定，這是一個艱難的抉擇。但是恰克和也在影片中出現的醫生，都確信決定手術是正確的，並且對能夠及早偵測腫瘤存在的檢測心存感激。

　　只是在預測我們的健康時，事情很少那麼簡單，甚至檢查結果也可能會對你不利。

粒「基」體的危險

在DNA超市中，賭注很大，期望很高，自主是當務之急。**智取你的基因！自我提升！掌控局面！經營你的未來！發現自我！**彷彿是從勵志海報上摘錄下來的其他口號在唾液受測者的網站上隨處可見，它們將DNA描繪成強大的決策工具。公司說你瞭解愈多愈好，因為知識就是力量。從DNA檢測避免了莫妮卡猝死悲劇的發生看來，不禁令人將發生在恰克身上的事件與她的故事聯想在一起。還有好萊塢明星安潔莉娜‧裘莉（Angelina Jolie）公開宣布，根據DNA檢測，顯示她有非常高（超過80%）的癌症風險，因此她決定切除乳房和卵巢。

所有這些人的勇氣和痛苦都值得我們同情，但是從科學上的客觀數字來看，差別是顯而易見的：雖然莫妮卡和裘莉面臨著重大且潛在的致命危險，但是恰克即使不切除他的前列腺，也可能不會有什麼問題。

裘莉和莫妮卡具有罕見的單基因DNA突變，有明顯的高遺傳風險。他們的家族史具有相同遺傳缺陷的兄弟姐妹和親戚有英年早逝的例子，這是受此類疾病影響家庭的普遍情況。多年以來，他們一直生活在悲傷和焦慮之中，擔心自己是否會是下一位受害者，直到他們決定在遺傳學專家們的幫助下進行檢測，後者為他們建立了十分可靠的風險評估，足以讓他們判斷是否嘗試採取激進的行動。另一方面，恰克只是一個有正常家族史的人，他將口水吐入試管，發現他和數百萬其他健康男性共享的相同變異的癌症風險略有增加。

至於恰克的局部腫塊經活體組織檢驗顯示：根據2012年的一項大型研究，絕大多數像恰克般被送往手術室切除早期前列腺腫瘤的患者中，超過

97％的患者絕對不會發展為惡性腫瘤。實際上，許多中年男性甚至不知道自己體內有早期的前列腺腫瘤存在，而且後來都不會有問題，因為只有一小部分前列腺腫瘤是惡性，並且會擴散到腺體之外。遺憾的是，到目前為止還無法預測前列腺中的局部腫瘤是否會轉變為惡性形式，因此我們永遠無法確定恰克是否名列需要動手術去挽救的3％人群中。基因警示拯救恰克生命的可能性很小，但也可能莫名其妙地打亂了他的生活，讓他活在恐懼之中，促使他進行不必要的醫療程序和手術。

鑑於恰克的戲劇性故事和他的真正煎熬，這種說法似乎有些憤世嫉俗，但事實並非如此。為了衡量檢測的實用性，個人的小故事是無關緊要的。我們必須從統計學上加以推理：在透過預測性檢測救回一命的每個人背後，到底有多少人經歷過不必要的程序？預防很重要，每個病人的生命也都很重要，降低假陽性的數量也是道德上的當務之急，因為這些假陽性可以避免不必要、有侵入性的檢查或有風險的手術。產生過多的假陽性被稱為**過度診斷**，並且對於本來就具有機率性（如多因子疾病）的預測性檢測來說，這是一種常見的威脅。如果沒有多大用處濫用這些檢測，會讓我們變成**非患者**：健康的人活在焦慮和疑心病之中，即使沒有多大用處，也要尋找被關注和接受治療的原因。

在科幻電影《關鍵報告》（*Minority Report*）中，警察使用了稱為先知（precogs）的突變人來預知謀殺，並且在謀殺案發生之前逮捕了可能的殺手。先知們能夠看見未來的犯罪現場，但始終對所看到的事物提心吊膽：對他們而言，無論警察是否制止這種暴行，暴行還是都會一再發生。看見我們的遺傳未來，會使我們像先知一樣生活在恐懼之中，無論這些未來的事是否發生。

失控的市場

　　儘管存在這些缺點，曾經有過一段時間，所有消費者基因體學網站滿滿都是促銷的影片，這些視頻內容都是透過DNA檢測而獲得「拯救」的人們（如華萊士）所拍攝的：唾液受測者因為事先得知遺傳結果，警告他們注意即將出現的風險，因而免於受到癌症、糖尿病、中風、乳糜瀉（celiac disease）或其他使人身心衰弱疾病的折磨。2013年，當美國聯邦負責監督藥品和診斷的美國食品藥物管理局（Food and Drug Administration, FDA）下令查禁消費者基因體公司出售與健康相關的套件時，這些影片幾乎都從網路上消失了。FDA專家在科學團體和政府報告的支持下，同意這些檢測的主要問題不是DNA讀取的質量——以知名公司所使用的技術，DNA讀取的質量是可接受的，而是針對結果的詮釋。特別是大多數對多因子疾病風險的預測都過於模糊和不一致，以至於無法提供消費者或醫生參考。

　　FDA在與23andMe之間持續長時間的沉默應對之後，做出了這一個決定，後者已經收到、並忽略FDA所發出的11封要求他們停止銷售一個套件的信，這個套件是用來評估大約200種疾病的風險，包括中風、糖尿病、癌症、阿茲海默氏症、巴金森氏症和十幾種罕見的遺傳性疾病。FDA擁有在美國批准診斷檢測的唯一權限，而且任何一家擁有正派經營想法的醫療保健公司都不會無視於監管機構的一封來信（更不用說是11封信了）。但是23andMe固執地聲稱自己是DNA自我開發公司，而不是診斷服務，因此自我認定並不在FDA管轄範圍之內。這場爭辯在2013年11月一個寒冷的日子裡突然結束了，FDA發出了一份禁止令，命令23andMe立即停止銷售這些檢測套組。

　　23andMe別無選擇，只能照辦，但是他們很重視所學到的這個教訓。23andMe是一家典型的矽谷新創公司，具有「快速突破，除舊佈新」的思維方式，與谷歌關係密切，但是由於對醫療保健行業及其規則知之甚少，因此經歷了一次徹底的變革，這使他們成為具有活潑、娛樂界面的DNA社交網路與藥物開發企業的混合體，這家企業使用唾液受測者的資料進行研究、聘請了製藥行業的頂尖經理人，並且已將其許多檢測結果提交給FDA審查：某些檢測方法已經獲批准，並且重新添加到其消費者套件之中，尤其是對單基因疾病的檢測，這些檢測中對結果的解釋比較沒有爭議性。

　　FDA藉由規範這些檢測，謹慎戒懼地區分了消費者保護與家長式保護的界限。畢竟每個人都有權利知道自己基因中的內容。但是FDA的決定有一個重點：過度診斷的危險在於提醒我們，知識對我們的健康並不一定絕對有影響力。整個DNA消費者業務都傳達了一個訊息：過度積極地進行預測性檢測會適得其反。但是這個禁令僅限於美國，除了落入當局監視之下的公司，許多其他公司繼續在將診斷與自我發現分開的灰色地帶經營。有些網站，例如：LiveWello.com或Promethease，甚至都沒有執行檢測，幾乎不可能監管：它們僅提供客戶上傳原始DNA檔案的服務，並收取一定費用，幫助他們解釋資料。法律總是在努力追趕上一項發展非常快速的技術，而完全禁止這項技術就好像在倒洗澡水時把嬰兒也一起倒掉般全盤否定。提高對這些工具的認知，是避免濫用和錯誤期待的最佳方法。

平庸的冠軍

　　當我看到列表中所有常見疾病的遺傳風險都接近平均水準時，有一陣子我感到很高興。說到這裡，我可以放鬆一下，甚至憧憬著擁有萬無一失DNA的想法，而這個DNA不帶有會明顯增加患上癌症、乳糜瀉、糖尿病和其他疾病可能性的變異。但是我知道現實是殘酷的。

　　我的DNA不是無堅不摧的：從字面上的意思來看，它只是**中等的**

（*mediocre*），這個字來自拉丁文*medius*，意思是一般的。我幾乎可以將自己的個人資料和所有同齡男性的個人資料互相調換，對我的未來預測的結果還會是一樣的。部分原因是因為遺傳剖析仍然不完整。DNA技術就像一個嬰兒，在將每個單詞與其真實含義相關聯之前，他們過早學會了閱讀。我們可以在數分鐘內解碼整個基因體，但是仍然很難將這些字母與性狀、特徵和易感性聯繫起來。然而大多數人在他們的遺傳報告中不會看到任何明顯的危險信號，因為只有少數幾個變異的組合會明顯提高對多因子疾病的易感性。只有2%的人患有糖尿病的遺傳風險至少會高於一般人的兩倍，而罹患心臟病高風險的人數則較少。已知某些變異會讓罹患大腸癌、乳癌、巴金森氏症和阿茲海默氏症的機會增加多達70%，但這種情況在人群中很少見。用演化論術語來說，原因很容易理解：如果大多數人對嚴重的疾病有強烈易感性，那麼他們不是已經生病就是已經死亡。這種稀有性意味著絕大多數唾液受測者會發現其實他們的風險模式接近平均水準。只有少數人會看到明顯的危險跡象，在這種情況下，他們應該諮詢臨床遺傳學家。

在預測性檢測時，我們還必須考慮非遺傳風險因子，如年齡、體重、血壓和膽固醇水準，它們的重要性通常都不會小於DNA。例如：我從DNA報告中得到的可行建議與我祖母給我的忠告非常相似，這一點也不奇怪：不要吸煙，不要喝太多酒，要運動，飲食要正常，注意膽固醇水準和體重。這些建議是有道理的：在這個世界上，大多數人的DNA裡都有類似的易感性，不同的生活方式可以讓易感性表現不同。問題在於，我們是否真的需要採用尖端的遺傳檢測來告知我們已經知道的知識。正如一位朋友告訴過我的：當我的妻子每天免費提醒我同樣的事情時，我是否還需要花錢去做檢測，然後它告訴我，我很胖，應該常常去鍛鍊身體？

正確的檢測

　　預測性檢測什麼時候才能真正發揮作用？根據專家的說法並且參考一般常識，有用的檢測必須滿足兩個簡單的條件：

　　a）應該是一個對風險有明確、重要和可靠的預測

　　以及

　　b）應該要有預防這種疾病的措施。如果沒有涉及藥物，只是生活方式的改變、飲食、手術或任何其他有助於預防發病的介入措施，則對風險的評估與醫學無關。

　　可惜的是，在預測性DNA檢測中很少符合這些條件。篩查易感人群可能有助於預防糖尿病、心血管疾病和前列腺腫瘤等疾病，但風險預測過於模糊而無法應用。另一方面，你可能會看到一種高風險疾病，無論用什麼方法都無法治癒、預防，最終你還是會生病，即使是最精確的預測在醫學上也毫無施展之處。阿茲海默氏症和巴金森氏症，即是屬於目前醫學無法預防的兩種疾病，它們的遺傳檢測便是屬於這個類群。知道得到這些疾病的風險，就像被困在監獄時，知道即將有地震會發生一樣無助；因此有些人寧願生活在不確定的環境中，而另一些人則認為這些訊息有用。2014年的電影《我想念我自己》（*Still Alice*）中，茱利安・摩爾（Julianne Moore）飾演一名被診斷患有早發性阿茲海默氏症的女性，細膩地傳達了這個棘手的難題：她的長女安娜（Anna）和兒子湯姆（Tom）接受了預測性遺傳檢測，而小女兒莉迪亞（Lydia）則決定不接受檢測。

　　作為一個唾液受測者，我面臨著類似的決定。我的消費者套件包括針對阿茲海默氏症的預測檢測，這種檢測是根據幾個已知會明顯增加風險的變異為基礎，由於我們無法採取任何措施來預防這種可怕的疾病，因此想不想要

知道結果，是客戶的個人選擇，必須由客戶確認點擊免責聲明，才能解鎖結果。我的選擇是不想知道，但是其他想知道的人會有各式各樣無數個理由做出其他決定：例如萬一證實結果是不好的，他們可能想與自己的子孫事先做好安排。當然，如果有預防藥物或治療方法，情況將會改變。如果有的話，我會是第一個解鎖結果的人，看看我是否有得病的風險。

艱鉅的決定

杭丁頓氏症（Huntington's disease）是另一個令人難以置信的極端例子，疾病的遺傳風險明確地讓你知道以後會發生什麼事，但是沒有解決方案可以避免。前戰地記者查爾斯·薩賓（Charles Sabine）用以下的形容：「你能想像阿茲海默氏症、巴金森氏症、思覺失調症（schizophrenia）和癌症全部結合在一起的情形嗎？」描述了他的基因迫在眉睫的狀況。當薩賓看到自己的父親和哥哥成為杭丁頓氏症的罹患者後，就去做了遺傳檢測，結果發現他是陽性。具有這種基因突變的人（位於4號染色體上）實際上可以確定，他們在60歲之前會出現罕見的、漸進式的且迄今無法治癒的神經性退化病變的徵兆。杭丁頓氏症研究的倡導者薩賓說：「最可悲的是，孩子們從父母身上看到了自己的未來。」

對於患有杭丁頓氏症的家庭來說，檢測的心理負擔非常可怕：受感染者的孩子有一半的機會遺傳到突變（這種疾病是顯性遺傳，而且沒有健康的帶因者），他們可以選擇是否檢測——知道他們的命運，或生活在隨時可能發生禍事的恐懼之中。薩賓在談到決定接受檢測時說：「我在車臣遭槍擊，在伊拉克躲過空襲，在波士尼亞被扣為人質，但是這些都未能讓我感到恐懼、害怕和恐怖。」由於存在情感上的影響，國際準則要求患者在決定是否參加杭丁頓氏病的DNA檢測前要先諮詢心理學家：對於無法治癒的退化性疾病，不知情的權利與告知風險的權利同等重要。對杭丁頓氏症做線上檢測顯然很荒唐，而且沒有任何一家消費者公司提供這項服務。[92]

　　隨著針對無法治癒病症的新風險變異的出現，更多的預測性檢測將被隱藏在虛擬鎖的背後，許多可能與遺傳因子起重要作用的精神疾病有關，例如：對雙胞胎的研究顯示，精神分裂症和躁鬱症最多有70%至80%的遺傳性。如果DNA剖析可以給你帶來這些疾病風險的百分比但又無法預防這些疾病，你還會想要知道嗎？這不僅跟你本人有關：考慮一下伴隨精神疾病的殘酷、愚蠢的污名。想像一下，如果大家知道你就算只有些許可能會罹患失智症、躁鬱症、精神分裂症或社交焦慮症，在你的工作場所、家人以及朋友和同事之間將會發生什麼事。想像一下你的配偶、老闆、剛接受邀請要和你一起出去吃晚餐的對象、你正在尋求貸款的銀行家，他們仍然會像以前一樣對待你嗎？

16

進階版藥物——
你的遺傳訂製藥物

　　我的維爾瑪姑媽活了90多歲，比她那些不怎麼常見面的所有醫生都活得更久。我有很長的一段童年是和她一起度過，我記得在她的藥櫃裡，只有兩種產品：Schoum Solution，這是一種薄荷口味、含有酒精成分的綠色草藥口服液，她用來治療和預防任何**體內**不適，以及「法國軟膏」，這是一種味道強烈又令人難以置信的乳霜，她用於任何**外傷**用途（我不知道這個藥膏的名稱，但是它來自法國，這對我姑媽而言，是個優質的保證）。我的兄弟和我肚子疼？根據維爾瑪姑媽的二進制系統，這是屬於「體內」的，因此需要喝一杯Schoum Solution。膝蓋擦傷或被蜜蜂螫到？這是外部：不用考慮，就是法國藥膏了。維爾瑪姑媽偶爾需要花粉症的處方藥，但是她拒絕服用，因為她說吃了這種藥會讓她頭昏眼花。

　　我親愛的姑媽對藥物治療很有意見，但最新的科學證實她有道理。並

非每個人對藥物的反應都相同,這種差異有絕大部分是由於我們有不同的遺傳組成。如果你有一種首選的止痛藥,可以很有效地緩解頭痛,卻讓你的朋友感到痛苦,請舉手。你是否遭受過對所有人都有效,卻獨獨對你產生副作用的藥物?你可能有過。有關暢銷藥物的醫學文獻顯示:一般而言,它們僅在大約一半患者中具有所需的效果。數百萬人針對高血壓服用的乙醯膽鹼脂酶(ACE)抑制劑和 β 受體阻斷劑的無效率落在10%到30%之間,而用於高膽固醇血症和哮喘的他汀類藥物(statins)和 β-2激動劑(agonist)的無效率高達70%。1998年發表的一篇文章估計,僅僅在美國,藥物不良反應每年就導致至少10萬例死亡,成為第六大死亡原因。[93]最近的數據雖然比較不那麼讓人感到悲觀,但是仍然令人擔憂。在歐洲藥物不良反應佔住院人數的10%,每年造成數千例死亡和數百萬人短期和長期的殘疾,在美國甚至更高。[94]

因此,難怪製藥公司和政府會投資數十億美元,根據個體患者的遺傳組成來尋找個人化的治療方法。進入**藥物基因體學**,這是一門將遺傳研究與藥理學相結合的科學,旨在為合適的患者提供正確的處方,從而避免藥物的不良反應。

實用部分

監測你的基因對布洛芬(Ibuprofen)或捷可衛錠(Ruxolitinib)的可能反應似乎並不像尋找你的祖先,瞭解你孩子的音樂潛能或你身為唾液受測者可能會做的任何其他活動那樣的有趣,但是這些檢測實際上是最有前景的個人實際應用基因體學,它們正在促使醫學和製藥行業的轉變。我的DNA剖析裡有一個藥物基因體學部分,列出了大約40種市售藥物以及我可能對它們產生的反應。23andMe陸陸續續地提供了這些結果,但是在市面上,你可以找到專業公司，如總部位於美國紐澤西州的 Admera Health，它們會針對你的 DNA 做 300 多種不同藥物的篩檢。[95]

藥物基因體學報告包括兩種類型的實用訊息：一種是你對藥物產生不良反應的傾向，在這種情況下，你的醫生可能會開另外一種藥物；另外一種與劑量有關，某些基因變異可以決定藥物一旦進入體內，可以被改變的速度有多快，從而影響了活性成分的量。例如保栓通錠（英文商品名 Plavix，已經有數百萬具心臟病和中風風險的患者使用），它是一種血小板凝集抑制劑，必須經過肝酶修飾後才有活性。2% 的白人、4% 的黑人和多達 14% 的亞洲血統的患者具有活性較慢的酶，因此產生的生物活性低於平均值，所以這些人可能需要更高劑量的保栓通錠才能達到相同的效果。[96]

被稱為細胞色素 P2（cytochrome P2, CYP2）的肝酶家族是藥物基因體學裡的重量級角色，它幾乎可以代謝血液中的每個分子。CYP2 酶的快、慢形式決定了數百種藥物在生物體中被活化或分解的速度。迄今為止，所有可用的藥物基因體學檢測中，有四分之三是檢視這些變異對基因的影響。保栓通錠的檢測就是針對 CYP2C19 基因的變異，CYP2C19 是 CYP2 家族的成員。

儘管大多數的唾液受測者購買套件，並不是為了要瞭解無聊的藥理基因體學訊息，不過這些檢測可能是基因體報告中最實用的部分了，比預測常見疾病的敏感性更為可靠。藥物具有比複雜的多因子疾病更容易理解的作用機制，並且藥物基因體學結果可得出簡單、可行的建議，如改變治療方法或調整劑量。FDA、歐洲藥品管理局（European Medicines Agency）和全球其他監管機構，已經在超過 450 種處方藥的標籤上加註了藥物基因體學訊息，其中包括一些暢銷藥物，如保栓通錠、可化凝錠（warfarin）和煩靜錠（diazepam）。[97]

如今，這些標示僅用於幫助醫生，它們的臨床效用尚未充分證實，但在臨床運用上正變得愈來愈普遍。實際上，藥物基因體學已經改變了製藥業的

面貌。

再見暢銷藥

由於維爾瑪姑媽對藥物的另類態度，她預見了個人化藥物的問世。她只有兩種藥品的二進位體系也許很極端，但是一個多世紀以來，製藥業的確在少數暢銷藥的基礎上追求類似於維爾瑪姑媽的商業模式。這些藥物仍在市場上佔主導地位，降血壓劑、降膽固醇劑、抗糖尿病劑、抗哮喘劑和像可化凝錠等的血液稀釋劑（通常以Coumadin的品名銷售）都是暢銷藥的例子。基因體革命正如海嘯般消滅這種模式，並朝著根據患者的遺傳檔案，朝著大量的半個人化療法的道路前進。整個製藥行業都正朝著精準醫學和量身訂製治療的方向發展，而遺傳社交網路是實現此一最好變革的有力工具。

暢銷藥的模式隨著時間經過進入倒數計時：下一項專利何時會到期？從2010年開始，製藥行業見證了歷史上最大的專利終結浪潮，至少有50種最暢銷的藥物成為了公眾領域，並且進入了利潤不高的學名藥（generic medicine）市場。這種所謂的「專利懸崖」（patent cliff）造成估計超過9,150億美元的終身銷售損失，[98]但如果不是第二個問題——用新產品替換這些產品的困難度愈來愈高和更昂貴，那麼情況就不是那麼嚴重。在美國和歐洲，每年通常僅批准15～20種新藥上市銷售，單一產品的研發成本高達20億美元。

專家們將這種創新差距與石油業加以類比：數十年來的藥物研究已經開發出我們能力所及的所有可能生物解決方案。現在更淺、更便宜的知識泉源已經枯竭，迫使這個行業使用更複雜、更昂貴的技術來深入研究疾病的機制。[99]

人們對未來願望的期待標準也在提高，我們活得更久，對有效治療新方法的需求從未像現在這樣具挑戰性。社會正急切地尋找治療像癌症和阿茲海默氏症等複雜、多因子疾病的方法，這需要詳盡的研究和昂貴的臨床試驗，只是這些試驗的成功率不高。無論原因為何，開發新療法的成本變得愈來愈昂貴，從長遠來看，對藥品的回報投資已降至許多專家認為不符合可持續發展的水準。大藥廠的舊業務模式似乎已經被打破而得做典範轉移。[100]

在這種慘淡的情況下，藥物基因體學以救星的姿態出現。從 DNA 的角度來看，患者不再是數百萬以相同方式治病的人們。相反地，他們是反應不同的較小群體的集合。使用藥物基因體學方法，你可以設計和檢測可能適用於特定 DNA 變異的新藥，減少參與臨床試驗的患者，還有較高的成功機會和更實惠的研發成本。

抗腫瘤藥賀癌平（通用名為 Trastuzumab）例證了這種新方法的優勢，當這個藥劑首次在患有乳房腫瘤的女性身上試用時，結果卻令人失望。但是研究人員發現，一些腫瘤 DNA 中具有特定突變體的患者對這種療法反應良好。接續的臨床試驗僅涉及具有「應答者」（responder）突變體的患者參與，並且證實了賀癌平對這些患者的療效。如果沒有藥物基因體學方法，這個藥物的療效應該會被忽略，而第一次的試驗也會只是又一次失敗昂貴的嘗試。

如果說藥物基因體學是拯救製藥業的救星，那麼 DNA 社交網路就是騎士所能寄望最好的馬。這些虛擬平台儲存和比較唾液受測者的基因，他們的症狀和對藥物的反應是一種無限的數據資源，這也正是製藥公司投入大量資金從消費者基因體公司和健康社區（如 Patientlikeme.com 或 WebMD.com）購買資訊的原因之一。試想，一家正在研發抗牛皮癬或巴金森氏症藥物的製藥實驗室：他們可以在醫院和診所附近尋找患有這種疾病**以及帶有**想要檢測的 DNA 變異的患者，但是這種可能既麻煩又昂貴；或者他們可以尋求一個 DNA 社交網路的協助，替他們找到合適的人選，並請求他們參與研究。第二種選擇對於公司來說，即使必須支付費用給 DNA 平台，還是超級無敵便宜。從他們的角度來說，在安全、受到規範的環境中，患者可以更輕鬆地進行臨床試驗（需要注意的是，無論患者來自何處，嚴格限制臨床研究的程序以確保安全性，都必須相同）。

遺傳藥劑師

舊的暢銷藥模式不會在一夜之間消失，但是藥物基因體學已經改變了製藥行業設計、構思、檢測和銷售新產品的方式。

我們帶著自己DNA檔案進入藥房或醫生辦公室，並獲得適合自己遺傳組成的處方箋的日子很快就會到來。事實上大多數衛生系統已經具有可以支持DNA訂製處方的基礎結構，而沒有太多技術障礙。在我居住的地方，我的病歷已經儲存在公共醫療保健系統的網路中，只要我去醫生的辦公室，她隨時可以從電腦上看到它們，也可以將一個很大的遺傳檔案上傳到我的紀錄中，甚至在我的社會保險卡上都有一個具有足以儲存可攜式DNA檔案空間的晶片。

一切準備差不多就緒之後；我們將只需要讓它變得物有所值，而且這一天很快就會到來。在2015年開發的所有藥物中，幾乎有一半的藥物和四分之三的抗腫瘤療法，都是針對特定的DNA變異而設計的。[101] 隨著愈來愈多的新療法進入市場（檢測新藥平均需要8～10年），將我們的DNA檔案帶到藥房或拜訪醫生去尋求治療的願望將會實現。

現今在醫院裡的某些癌症治療方法的遺傳檢測已是例行工作的一部分。自2001年以來一直用於慢性骨髓性白血病（Chronic Myelogenous Leumimia）和其他腫瘤的藥物基利克膜衣錠（Gleevec，是Imatinib的商品名）是第一個針對具有特定遺傳異常癌細胞，需要在開處方箋之前先對腫瘤做DNA分析的藥物。爾必得舒（Erbitux，學名藥 Cetuximab）和前面提到的賀癌平，也被設定為僅對具有特定DNA突變的腫瘤有效。儘管具有改革性意義，但是這些藥物仍然僅限於用在幾種類型的腫瘤上，但是在2017到2018年間，FDA批准了吉舒達（學名藥Pembrolizumab和Larotrectinib）的上市，它們是根據（不管是什麼樣的）腫瘤的遺傳剖析看起來有效果的兩種藥劑。對於這些不定腫瘤類型（tissue-agnostic）的藥物，不再有「腫瘤」、「惡性瘤」、「乳房」或「肺部」癌症的不同區分：腫瘤的DNA才是決定是否合適治療的唯一參數。

治療費用可能是這場改革的唯一問題。傳統暢銷藥的開發價格通常很昂貴，但是可以賣出數十億美元，一旦研究成本回收，它們的價格就會下降。量身訂製DNA的產品開發起來更快、更便宜，市場卻更小，因為它們針對具有特定DNA組成的患者群體。這會讓患者的治療意願偏向更有效但也更昂貴的療法，實際上，目前一些新療法的牌價為每位患者從數萬到數十萬美元之間。政府、業界和衛生系統需要在這些新療法的功效與患者和納稅人的費用之間找到平衡點才行。

隨著DNA量身訂製治療方法的發展，還伴隨著基於缺點檢測（flawed test）選擇治療方法的風險。憂鬱症的治療是藥物遺傳學檢測裡激烈辯論的一個顯著例子。尋找適合這種情況的正確藥物可能是一個漫長而艱鉅的試誤法（trial-and-error），因此遺傳檢測巨擘Myriad Genetics支持的線上DNA服務GeneSight提供了一種藥物基因體學檢測方法，用於研究多種DNA變異，目的在提供患者最合適的藥物和劑量建議。

這家公司聲稱，它的基因引導方法比舊方法提高了70%的效能，並引用了它在同儕評審期刊上發表的研究結果。但是媒體報導了使用這種方法失敗患者的故事，例如佛蒙特州的約翰・布朗（John R. Brown），他以前是編輯，在接受GeneSight檢測之後，更換了抗憂鬱藥物，最後他在精神病醫院自殺。[102] 專家們還認為，由於這家公司的演算法不公開，因此無法評估其有效性，FDA也發出警告：除非經過適當的審查和批准，否則在臨床試驗中使用這些檢測會有風險。Gene Sight則堅持方法的有效性,並且認為就像任何醫療程序一樣,總是會發生某些意外事件,不能因噎廢食。進一步的研究將確認這種特定檢測是否有用。

17

唾液樣本的未來

如果你去佛羅倫斯，我建議你去參觀舊宮（Palazzo Vecchio），也就是這座城市的市政廳。當大多數人花時間欣賞宏偉的五百人大廳（Salone dei Cinquecento）時，請你繼續前行，看看較小的地理地圖廳。你在那裡將體會到被等同於文藝復興時期的谷歌地球所包圍：由科西莫一世・德・美第奇大公（Grand Duke Cosimo I de Medici）委託創作的一系列地圖，這些地圖奇特地被畫在大衣櫃的門上，它凝聚了當時的地理知識，從不列顛群島到尼日，從賈佩（日本）到新西班牙（墨西哥）。

在典型的美第奇風格中，一些衣櫃隱藏著秘密，例如，在亞美尼亞地圖的背後，有一條狹窄的通道通往比安卡・卡佩羅（Bianca Cappello）的房間，她是科西莫的兒子弗朗切斯科（Francesco）的情人和後來的第二任妻子（比安卡和弗朗切斯科在某次晚餐後神秘死亡，研究人員仍不確定他們是否中毒

身亡或是死於瘧疾）。然而使房間之所以成為現代地圖集的，是放在正中間的巨大地球儀。科西莫知道，這個地球儀將是整個收藏的關鍵：它以三維視圖連接每張地圖，傳達了世界的規模和複雜性。沒有它，衣櫃上的圖畫將僅僅是平面的不完整畫像。

500年後，遺傳學家們正經歷著與文藝復興時期地理學家相似的典範轉移。因為他們可以全面地研究我們的DNA，所以發現了一個更高維度的內部網路，這個網路將3D網格中的所有基因和染色體連接在一起，超越了DNA中字母的序列。系統稱為**表觀基因體**（*epigenome*，字面意思：位於基因體上方），可以同時調節數千個基因的活性。這些研究揭開了我們基因體的一部分，這部分曾經被認為是無用的，現在正在催生更先進的DNA分析。

閒置物的雪恥

我的小貓伊娃（Iva）的皮毛是表觀基因體學發揮作用的一個可愛例子。伊娃的玳瑁花色皮毛（也稱為三色）上有黑色、紅色和白色的斑點，每個貓奴都知道，這種斑點僅出現在雌貓身上。這種由複雜表觀遺傳機制現象所決定的科學，直到最近才解開。

包括人類在內的雌性哺乳動物，都有兩個X染色體，但是每個細胞中只有一個被活化，另一個則被表觀遺傳系統「關閉」，使整個染色體無法接近。這些機制並不影響基因的內容，但是它們的確會調節基因的表達，從而決定它們是被細胞體系讀取，還是被關閉並保持閒置的狀態。不活化的染色體仍然存在，但是它的DNA無法被讀取，就像書頁釘在一起的書中字母一樣。

伊娃身上的三色分布就是這種遺傳沉默（genetic silencing）的結果：貓皮毛的顏色取決於X染色體上的基因。公貓只有一個X染色體，它從未被不活化，因此無法知道它身為三色貓的感覺為何。然而母貓有兩個 X 染色體，每個染色體在每個細胞中隨機被不活化。由於每個染色體可以編碼不同的顏色，因此會產生花色分布不均的外觀，就像有人拿著兩瓶油漆隨機噴塗一樣。

表觀遺傳學的重要性遠遠超出了製作適合 IG 上毛茸茸完美小貓的範圍。線上人類孟德爾遺傳學（Online Mendelian Inheritance in Man, OMIM）網站是人類基因和遺傳疾病的資料庫，列出了 100 多種涉及或高度可能與表觀遺傳機制有關的疾病，而表觀遺傳學上的缺陷也助長了導致癌症的遺傳混亂。

現在我們知道，寫在 DNA 上的表觀遺傳學註解決定了細胞是否將成為神經元、肌肉或任何其他組織，從而活化其各自的遺傳程序，這是非常重要的。因為我們體內的每個細胞都具有相同的 DNA，並且需要根據其位置和功能來打開或關閉某些基因。

幹細胞研究也從表觀遺傳學的研究中受益匪淺。這些細胞的再生能力取決於藉由消除表觀遺傳學上的信號來改變其特性。日本科學家山中伸彌（Shinya Yamanaka）和他的英國同行約翰·戈登（John Gordon），在 2012 年因發現正常的成年細胞可以被重新編程並轉化為幹細胞而獲得了諾貝爾獎。改變表觀遺傳學的狀態，將其遺傳程序重置為內定狀態的處理方式，就像處理智慧手機的記憶體一樣。產生的細胞被稱為誘導式多能幹細胞（Induced Pluripotent Stem Cell, iPSC），它們是再生醫學的一場革命。[103]

表觀遺傳學的機制還能調節基因的活性，以反應外界的刺激（如壓力、食物等等），將遺傳複雜性提高到另一個層級：每個基因都有獨特的 DNA 序列，但具有無限的表觀遺傳學狀態。

表觀遺傳學是個體遺傳變異性的重要來源，我們可以預期在不久的將來會被納入消費者基因體學中運用。檢測表觀遺傳學上的變化需要特殊的技術，這些技術仍在開發中，這些訊號有許多的意義仍然是未知的。總有一

天，消費者基因體學可以結合DNA字母序列與表觀遺傳學的訊息，以提高診斷的準確性，或者在腫瘤擴散之前找出它的表觀遺傳學特徵。

有幾種表觀遺傳學上的機制已經不再是祕密，也還有許多尚未發現的機制。甲基化（methylation）是一個經過詳細研究的系統，是一個氫原子被一個稱為甲基的小碳族元素取代的化學修飾：當甲基族群被添加到基因上時，這意味著該基因已被上鎖。字母序列不受影響，但是變得無法接近，就像伊娃失去活性的X染色體一樣。

反義（antisense）RNAs（可以阻斷自己訊息基因的副本）是另一種表觀遺傳學的機制，可以暫時沉默特定基因的表達。相反地，其他表觀遺傳學系統具有積極作用，並誘導基因的活性。

表觀遺傳學的控制中心在哪裡？奇怪的是，答案是：並未存在控制中心這回事。表觀遺傳學訊號來自DNA的不同部分，這些分散的節點通常在基因體中不編碼蛋白質的部分中發現。這種曾經被認為無用，且被稱為「垃圾」的DNA，現在被視為基因體的擴散大腦，這是一種難以捉摸的幕後操控者，可以一次召喚成千上萬個基因發揮作用，指導它們工作，就像在動作片中指揮臨時演員一樣。

異族的朋友們

傑瑞・塞恩菲爾德（Jerry Seinfeld）曾經在某一集《歡樂單身派對》（*Seinfeld*）中說道：「狗是地球的當家。如果你看到兩種生物，其中一種正在便便，另外一種在為它扛便，你認為誰是老大？」。

同樣地，如果外星人要仔細檢查一個人，他們會認為我們只是為了餵養和攜帶微生物的奴隸生命形式。我們體內所擁有的微生物比我們自己的細胞多10倍，並且估計有330萬個微生物基因，是我們自己DNA中基因數量的160倍。我們的腸子裡大約有一公斤的細菌，它們可以幫助我們消化和代謝食物，產生維生素，並保護我們免受感染。我們的腸道、皮膚、頭髮和黏膜擁有細菌和真菌組成的複雜生態系統，研究人員稱之為**微生物相**（microbiota），其中包括數千種不同的物種。

最近的研究發現了這些小伙伴們的新角色和未知的角色。有證據顯示，腸道細菌可以保護我們或使我們容易得到從發炎到糖尿病和肥胖症的各種疾病，大量資料顯示它們甚至可以改變我們的情緒和行為。最神奇的是，儘管很難進行精確估算，但是每個人大約有四分之一獨特的微生物相：我們具有某種微生物的身分，一種可能用於區分人們的細菌指紋。

這個領域仍然處於試驗階段，但是有一小部分的消費者基因公司已經開始涉足這個行業並提供微生物基因體群（microbioma）的檢查技術。例如總部位於美國的Ubiome和Viome公司，他們從腸道和身體的多個表面篩選細菌基因，檢查有益和影響健康的細菌。

但是請不要使用睡液檢查程序：你需要利用衛生棉條在便便上或身體內部有疑慮的部位擦拭來取得這些樣本（Ubiome的陰道套件有一個引人遐思的名字：SmartJane）。

這些服務屬於監管的灰色區域，只有時間才能證明它們是否值得我們費神。但是它們的存在暗示著消費者基因體學的未來走向：在10年左右的時間裡，典型的個人化DNA報告可能會將我們的DNA資料與多種其他遺傳資源結合起來，細菌顯而易見的將會是其中一項。

另外一個可能是隱藏在我們體內的癌症前期細胞。所謂的「液體活檢」（liquid biopsy）是一種利用觀察血液中的癌細胞遺傳印記（Genetic siqnature），來鑑定血液循環中癌細胞的最新技術。這項技術仍然止於試驗階段，但是在未來幾年中可能會變得愈來愈普遍，屆時可能一滴血便可透露健康者腫瘤的最初遺傳徵兆，或者監看已經接受治療患者的復發情況。就像

我們購買檢測套組來監測血液中的糖或脂肪一樣，消費者基因體學可能會提供各種腫瘤的液體活檢家用包裝。[104]

無所不在的基因體

隨著技術的發展，將生物樣本寄送到網際網路公司漸漸變得沒有必要，視訊串流（video streaming）出現之後，寄送VHS和DVD也變得過時了。如我們所見，已經有小巧方便，並可經由USB插頭連接到筆記型電腦、商業化模式的DNA序列分析儀問世。這些小裝置仍然具有遺傳學的概念，而且只能讀取較小的基因體，如細菌的基因體。

隨著更進步的發展，這些小型家用套件甚至可以替代更昂貴的實驗室設備，並且大多數人未來可以在家中建立所有DNA的檔案，而無須將唾液或生物樣本寄送給公司。事實上，未來吐口水的行為幾乎不會與任何吐出物有關：一系列傳感器將透明的監測我們的唾液、汗液、皮膚、尿液甚至我們的排泄物，以確保我們的微生物基因體群的平衡，或檢查是否有早期感染或腫瘤的跡象。

無論你稱之為家庭基因體學或domomics或任何你喜歡的基因體學名字：DNA檢測將會無處不在，它具有生活記錄設備，幾乎可以即時監測我們的遺傳參數，並與有關我們的運動、攝食、疾病、睡眠和日常工作的資料整合在一起。蘋果的設備已經包括用於收集生物數據的工具包，可以與23andMe應用程序互相連接；谷歌的安卓系統也正在開發類似的工具。[105]

數以百萬計的基因體將形成一個全球網路，其應用範圍從醫學和研究到系譜和純娛樂。人們將在那裡更新他們的狀態，並附上他們的遺傳分析快照：「今天我得了流感。這是我最新的喉嚨微生物基因體群。」、「我在親戚搜尋器找到一個新的親戚！」、「我使用的洗面乳讓我長出了疹子，附上我的皮膚拭子上的DNA結果。」、「我對某一類的抗生素過敏，核基因和微生物的基因可以從我的個人資料中取得。」、「最近我的憂鬱情緒愈來愈嚴重，這與我的腸道微生物基因體群有任何關係嗎？」等等。

演算法將監視大量訊息流，將健康指標與DNA資料做交叉引用，並即時提取有意義的統計關聯。如果有異常數量、具有和你相同遺傳成分的人感染病毒或對藥物或食物過敏產生不良反應，你就會收到警訊，提示你接種疫苗或避免使用某些產品。

這個基因網路也將是一個令人感到驚奇的警報系統，用於監測最近爆發的疫情。在進行流行病監測時，衛生部門已經依賴大數據系統來監看本地新聞、推特、論壇和其他社交網路，例如2003年SARS在中國的疫情爆發期間，世界衛生組織事先就已經從網際網路上的交流得知該病，比當地政府發布消息早了好幾週。非正式消息來源對於監測爆發的疫情非常重要，以至於 *STAT* 期刊在2018年報導，美國的健康監測受到當地報社關閉的影響非常大。隨著傳統媒體的消失，基因社交網路可能成為監視流行病的終極武器，從而帶來更多的複雜性和粒度。[106]

對於某些人來說，這項技術是通往反烏托邦世界的連結，在這個世界裡，遺傳資料容易受到生物武器的攻擊，並成為社會和政治控制的對象。這些場景聽起來像法國哲學家傅柯（Michel Foucault）所想像的那樣，他在1970年代提出了**生物權力**（biopower）的概念，對於那些擔心DNA檔案會被不當使用的人來說，這是一個不祥之兆。傅柯認為任何控制人體的可以技術也將用於社會和政治控制。傅柯生前並沒有看到基因網際網路的出現，但是如果他今天還活著的話，他可能會把基因技術當做生物權力的範例。他甚至預見到生物權力將從「生命水準」本身開始，並通過廣泛的網路傳播，此一描述似乎與遺傳社交網路非常契合。在這位法國哲學家的眼中，唾液受測者將受到醫學、廣告商和政治宣傳的影響，可以根據他們的DNA來建議購物、穿著、閱讀和飲食。

　　我不像傅柯那樣悲觀，也不像他那樣的戒慎恐懼。但是在一個無所不在的基因體學世界中，我們必須適應前所未有的技術發展，並學會巧妙地管理它以保護自己的隱私。

第四部 隱藏
你的資料權屬於誰？

「我在履歷表上撒了多少謊都沒關係。我真正的履歷存在我的細胞裡。」

——《千鈞一髮》，文森‧弗里曼，1997

威格姆：你收到了啥，整個城鎮的DNA檔案？

DNA小伙子：沒錯。如果你碰過一分錢硬幣，政府就能掌握你的基因，不然你覺得政府為什麼讓錢幣一直在流通？

——《辛普森家庭》，第7季第1集

18 基因掠奪者——
DNA盜竊和你的隱私

　　你離開房間時覺得很開心。面試進行得很順利。你表現得太好了。毫無疑問，他們一定會回電給你。只是在搭乘電梯時，你回想一下進行過程，開始感到恐慌。

　　就像一部以慢動作播放的電影一樣，你看到你在遞交的履歷上留下了淡淡的指紋，在他們端給你的咖啡杯上留下的唾液，你在辦公室裡到處碰觸所留下的各種微小的生物痕跡。你還知道該公司會調查應徵者的背景——這就是為什麼你要仔細刪除臉書和IG上個人資料中所有令人覺得尷尬的照片，甚至刪除了推特裡有人可能會認為不合適的推文。但是你的DNA呢？他們能否從你留下的生物材料中獲得一個遺傳剖析？如果DNA檢測確定你不適合這個職位怎麼辦？如果他們發現甚至懷疑你患有罕見疾病、遺傳性癡呆症或心臟病，他們還會錄用你嗎？你是否會因為有爭議的研究把你的基因與反社會行

為、藥物濫用或你甚至不知道的任何其他風險相關聯，以致被社會排斥？

　　如果你看過1997年的科幻電影《千鈞一髮》，這就是一幕熟悉的場景，這部電影描繪了一個遺傳決定論主導的反烏托邦社會，在那裡每個生物痕跡都可以用來判斷和歧視人。我們還沒有走到那個地步——還沒有雇主和保險公司篩選我們的 DNA 的相關報導，但是這種情況逐漸愈來愈有可能發生。運用當今的技術以及遺傳社交網路的一臂之力，任何人都可以偷偷地蒐集你的 DNA 樣本，讀取、甚至竊取你的遺傳身分。如果你的 DNA 在資料庫中，那麼偷竊者甚至無須透過你的生物材料，便可以直接獲取你的 DNA 檔案。

　　我們的基因體一旦被解碼，在我們遺留的最後一個生物痕跡消失，甚至在我們死亡之後，它的數位副本都還可以存續——就像照片，數位掃瞄檔在紙本被燒毀或丟失後仍然存在一樣。就像任何其他數位內容一樣，我們的 DNA 檔案永遠不會絕對安全：它們可能在我們不知情的情況下被駭、被盜、被複製或使用。

狡猾排便者的案例

　　在遺傳隱私權的年代紀事中，有一堆神秘的人類糞便被永遠銘記著。2015 年，喬治亞州亞特蘭大市郊一家雜貨店批發商的主管試圖找出到底是哪些員工在倉儲區附近的公司大樓內留下大量糞便。他的線索指向傑克‧勞（Jack Lowe）和丹尼斯‧雷諾斯（Dennis Reynolds）這兩名員工，他把他們叫進辦公室，並要求採取唾液樣本，以便公司可以比對他們的 DNA 與神秘排便者的 DNA。

　　兩人同意了，檢測結果證明了他們是無辜的。然而幾週後，兩人都向公司提起訴訟，理由是非法使用他們的 DNA：《2008 年遺傳資訊平等法》（*Genetic Information Non-discrimination Act of 2008*），以字首語 GINA

更為人所知，這個法案禁止保險公司和雇主收集和使用遺傳訊息。「狡猾排便者的審判」如大家所知，是GINA案第一次上法庭的例子，最後兩名員工獲得250萬美元的傷害賠償金。這個故事很不尋常，但是這個判決為美國的遺傳隱私權樹立了重要的先例（如果你真想知道，真正的排便者一直都還沒被找到）。[107] GINA建立了美國保護遺傳隱私權的架構。它可以防止健康保險公司利用遺傳訊息做出合法化、承保範圍、承保或決定溢價的決定，並防止雇主將相同的資料用於就業決策，如雇用、解僱、晉升、薪酬和工作分配。但是這個法律不適用於雇員少於15人的公司，且不涵蓋長期護理保險、人壽保險或傷殘保險，以免為潛在的濫用行為大開方便之門。[108]

另外，GINA也不禁止員工自願向老闆披露遺傳訊息，如加入保健計畫。這就造成了漏洞，這些程序可以作為內部的特洛伊木馬，勒索員工的「自願」DNA訊息。最後，美國許多州制定的法律超出了GINA的規範範圍，以致造成了美國國內的法律大雜燴。[109、110]

不完整的法條

整體來看，好的是，許多國家都制定了有關遺傳隱私的法律，儘管這些規則不完整，而且大多數尚未在法庭上得到檢驗。壞的是，有很大一部分人口生活在中國和印度等幾乎沒有DNA隱私保護的國家。

歐洲自2018年起生效的《歐盟通用資料保護規則》（*EU General Data Protection Regulation, GDPR*）將所有以前的法規統一在一個架構中，全面性保護包括放在特別項目的DNA在內，以及所有其他生物識別訊息一起列出的所有個人資料。基本上，未經你的同意，就沒有人可以披露你的遺傳資料。歐盟所有國家於2007年簽署的所謂《里斯本條約》（*Lisbon Treaty*），也禁止在歐盟內任何以遺傳學根據所產生的歧視存在。[111]

　　英國在2018年的《資料保護法》（*Data Protection Bill*）採用了類似的規則，保險公司已簽署了一項自願禁令，以避免使用遺傳訊息。加拿大在2017年的《遺傳資訊平等法》（*Genetic Non-Discrimination Act of 2017*），禁止保險公司使用任何遺傳檢測的結果來決定保險範圍或保費。

　　在澳洲，保險公司可能不要求客戶做遺傳檢測，但是可以要求他們提供已經做過的任何與健康相關的檢測，包括消費者基因體學公司的結果。在本文撰寫時，許多澳洲人因為害怕保費飆升，因而對DNA檢測卻步，臨床遺傳學家建議他們的患者在進行任何與醫學相關的遺傳檢測之前，先檢查保單。截至2019年為止，印度和中國（總共有近15億公民）尚未禁止保險公司和雇主使用遺傳檢測，從而使世界上超過三分之一的人口，無法受法律保護以防止濫用。[112]

DNA 盜竊

　　有許多國家的法律為防止遺傳學上的歧視，提供了某些保護措施，但是沒有什麼能禁止保險人、老闆或獨裁政府偷偷地使用我們的DNA樣本。我們無論走到哪裡都可能會掉落某些生物樣本：頭髮、唾液、煙蒂、牙刷、汗水甚至指紋，這些都含有足夠的DNA來獲取遺傳剖析的訊息。獲取某人的遺傳剖析訊息並在網際網路上共享，並不像快速拍攝一張令人尷尬的照片，並在IG上發布那樣簡單，但意思也差不多一樣，任何人無須複雜的技能或設備，都可以利用你的生物痕跡取得你的DNA樣本。

　　早在2009年，英國雜誌《新科學家》的兩位記者麥可·萊利（Michael Reilly）和彼得·奧爾德烏斯（Peter Aldhous）就做過一項實驗，向人們展示掌握他人的DNA有多麼容易。麥可「偷走」了他的同事彼得使用過的杯子，並將杯子郵寄給一家專門從事法醫學檢測的公司，這家公司並沒有提出很多問題。他們從殘留在物品上的微量唾液中提取DNA，使用稱為聚合酶連鎖反應（PCR，在大多數法醫學和研究實驗室中使用）的技術擴增這些痕跡，然後將樣本郵寄給麥可，現在麥可擁有足夠的材料可以從網路上訂購檢測套組，然後將同事的DNA置入管中，假裝這是他自己的唾液樣本。

這家公司照正常程序處理樣本。麥可現在可以讀取彼得的遺傳剖析，甚至可以用他的身分在親戚搜尋器中聯繫他的親戚們。兩名記者對實驗的過程感到震驚，他們認為除了警察和辯護律師，其他任何人從日常物品和剩菜中提取別人DNA的做法都是非法的。他們寫道：「我們其餘的人不必活得就像生活在電視影集犯罪現場裡的場景一樣。」[113]

在《新科學家》獨家報導後的十多年之後，秘密DNA檢測的法律地位在世界許多地方仍然不夠明確（在某些國家，你一旦放棄了排泄物，它們就不會被視為私有財產），這使得竊取他人的DNA變得更加容易，而且現在有許多線上基因體服務，價格比以往更加低廉。你只需在谷歌上用「獨立DNA檢測」（Discreet DNA Testing）搜尋，即可瞭解有多少家專業公司可以幫你做秘密遺傳檢測。

DNA盜竊通常發生的地點並不在工作場所，而是家庭之中，可疑的配偶、同伴和親戚在這裡不顧一切地窺探彼此的基因、深入探究私人物品甚至想辦法從內衣中尋找外來的DNA。一家公司的網站說：「所有不忠檢測都是嚴格保密的，檢測範圍從簡單的不忠檢測到可疑檔案的比對。」對於急於知道結果的容戶，他們還會提供快速的48小時回覆，只是需要額外收費。

一想到私密檢測約佔所有消費者基因體學產品的14%，那麼這些應用程式的存在便有其理由。家庭裡的爭吵和隱瞞存在已久，只是現在我們想要以科學、明確和私密的DNA檢測來消除所有疑慮的難度是前所未有的，並且有可能破壞千百年來熟悉的事物。[114]對於生性多疑的丈夫或妻子，獨立DNA檢測比雇用私家偵探尾隨配偶更便宜、更快捷、更容易；對於許多父親來

說，這是個令人放心的證明——他們沒有撫養別人的後代。

更糟糕的是，即使沒有父母的同意，親戚、朋友或在學校的某個人也可以檢測孩子的親子關係，這是一個很糟糕的決定，尤其是涉及未成年兒童時，因為它與「不詢問，不告知」裡須經配偶雙方同意的規則相衝突。

這絕對不是空談。在我就個人基因體學公開演講之後，不止一次，聽眾中總會有人私下跟我詢問是否可以未經親屬的同意檢測他們的DNA。有一次，一位中年女士把我拉到一邊，告訴我令她擔憂的家庭狀況。她談到自己心愛的孫女時說：「我兒子娶了一個蕩婦。我確定我的小孫女並不是我兒子的種。」她不需要檢測來確認她的疑慮（在她看來，絕對有外遇行為），但是她相信檢測的結果最終可以讓她兒子離婚，她向我尋求建議。檢測是如何進行的？她應該聯繫哪家公司？

我對幫助這位冒失母親拆散兒子家庭的想法感到震驚，我拒絕提供任何具體訊息。相反地，我請她思考一下後果：她是否想到了她所愛的那個小孫女會受到的影響？還有，如果她的懷疑是正確的，但兒子已經知道並接受了外遇事件呢？或者，如果他並不想要知道，該怎麼辦？我還警告她，在她的居住地做秘密檢測可能是非法的，而媳婦、兒子甚至是親愛的孫女，日後有一天可能會以侵犯隱私為由控告她。

這位母親並不擔心我的道德疑慮，但是對法律問題的前景感到恐懼，並且答應會重新考慮。我不知道她是否會繼續進行自己的計畫，但是正如「獨立檢測」的蓬勃發展所證明的那樣，還是有許多人會這樣做。

瑪丹娜的極度妄想症

像所有超級巨星一樣，瑪丹娜對她的更衣室非常挑剔。她最奇怪的要求包括：白玫瑰花和粉紅玫瑰花的莖長要剛好6英寸，每次巡迴演唱到一個新的演出地點，都需要一個單獨的馬桶座、防止被偷拍的假天花板、瑜伽教練、私人廚師，針灸師和⋯⋯一個DNA小組，以確保她不會在途中留下任何生物痕跡！

在她2011年的全球巡迴演唱會中，這位流行歌手有專門的工作人員消毒她的更衣室，並從現場清除她的任何DNA。據她的一位旅行經理說，在消毒團隊完成工作之前，其他工作人員甚至都沒有看過更衣室，他說：「瑪丹娜的DNA、頭髮或任何東西都會被清除。」

如果你認為DNA戰利品的樣本追尋是個真實事件，那麼流行女王的遺傳妄想症就很容易解釋，而每個人只需輕敲幾下，即可從刷子、內衣或任何其他生物痕跡中提取和檢測名人的DNA。

想像力和法律是唯一能夠限制狂熱崇拜者、敵人或敲詐者對看似微不足道的樣本所能做的事情。瑪丹娜曾經在2019年試圖阻止一場她的私人物品被拍賣的活動，卻遭到法院駁回，私人物品中包括一條綢緞內褲、一把帶有她頭髮的梳子和饒舌歌手男友圖派克・夏庫爾（Tupac Shakur）的分手信。她在法庭文件中提到：「我知道我的DNA可以從我的頭髮中提取出來。將我的DNA拍賣出售給一般民眾，這是非常殘酷和冒犯的行為。」[115]

網上拍賣多的是名人的身體部分和體液；最近的網拍包括約翰・藍儂（John Lennon）和傑克・尼克遜（Jack Nicholson）的牙齒、史嘉蕾・喬韓森用過的面紙、維多利亞女王的內褲、小甜甜布蘭妮（Britney Spears）吃過的口香糖和《星際爭霸戰》（Star Trek）的威廉・薛特納（William Shatner）的腎結石，更不用說過去幾世紀以來，那些英雄和聖人的頭髮、骨頭和身體部位都被當成歷史文物保存拍賣了。[116] 幾年前你所能做的就是好好的保護這些戰利品，然後向你的朋友們展示。現在你可以將它們寄送給DNA公司，並獲取擁有者的遺傳剖分——瞭解他們的疾病易感性、追溯他們的祖先，甚至在親戚搜尋器中找到他們不為人知的子女、兄弟姐妹和沒有正式婚姻關係

DNA國度

的父母。有了更高的技術水準之後,你甚至可以要求公司合成、複製他們的部分DNA,並栽贓到犯罪現場。Ebay拍賣網站的政策不允許出售身體的任何一個部分,但是允許拍賣使用過的面紙、一塊口香糖或一支牙刷,這些都含有足夠的DNA含量來做檢測。

這些做法是否合法取決於你居住的所在地。英國在2004年的《人類組織法》(*Human Tissue Act of 2004*)明令禁止盜竊基因,懲罰未經同意而獲得的任何DNA檢測。在歐盟GDPR和許多成員國雖然並未明確禁止周全DNA檢測,但是整體而言,還是為遺傳資料提供了隱私保護,這使得在未經同意之下處理和披露私人訊息在實際運用上是非法行為。[117]

在美國,GINA僅限出自於保險和雇用目的,禁止從事秘密的DNA分析。如果你不對瑪丹娜的內衣褲做檢測,以查看她是否適合工作或健康計畫,那麼在美國大多數州的法律看來,你應該會沒事,只是會造成少數的危險情況。美國總統生物倫理議題研究委員會(US Presidential Commission for the Study of Bioethical Issues)資深政策與研究分析師尼古拉·K·斯特蘭德(Nicolle K. Strand)也補充說明:「名人、政客和其他公眾人物顯然都是秘密遺傳檢測的對象,因為遺傳揭露有可能損害其公共職位和名望。」他也說基因盜竊的風險不局限於大人物,普通百姓們也一樣,而現有的法律保護完全不夠周延。

美國總統生物倫理議題研究委員會在2012年發布其最後報告時,許多州都還沒有關於秘密遺傳檢測的任何法規,而某些州的法律則含糊不清。美國記者雅各布·阿佩爾(Jacob M. Appel)指出,你可以在42個州邀請女兒的未婚夫共進晚餐,秘密地從餐具中重現他的遺傳物質,並分析這些基因是否容易罹患癌症和阿茲海默氏症而不會觸法。[118]

在模糊的規則裡,美國美食雜誌《*Bon Appe'tit*》甚至發布了一份有關如何避免在餐館被偷竊DNA的指南,說明了服務生、顧客和警察可以如何合法地處理你留下的痕跡。這篇文章得出的結論是，高檔的場所可能會在顧客用餐後不久，提供一項清除遺留在銀器和桌子上所有DNA的服務。從桌巾上抹去基因的想法可能會讓你失去食慾，但對於名人和其他擔心DNA被盜，並違背其意願利用的人來說，這似乎是一種可行的作為。[119]

入侵總統的網路

在2010年維基解密（Wikileaks）其中一個頻道發布的訊息中，當時的國務卿希拉蕊·克林頓（Hilary Clinton）下令秘密收集包括聯合國秘書長潘基文在內的幾位外國領袖的DNA和其他生物識別訊息。目前尚不清楚他們打算如何處理這些資料。某些人推測他們的DNA剖分可能用於產生遺傳學上針對某些領導者的生物武器，這些是十分合理但不太可能的推斷。只是很明顯地，美國情報部門對獲取世界領袖的遺傳物質感興趣並視為一種戰略優勢。[120]

如果你認為高層級的間諜不會以盜竊DNA來獲取有關外國領袖的信息或打倒政治對手，那就太單純了。在圍繞競選活動的卑劣勾當形式下，政客有強烈動機從對手那裡竊取DNA，並用來對付他們，政客可以利用這些DNA來尋找高危險疾病的易感性，或者將對手的遺傳剖分上傳到「親戚搜尋器」中，找尋非婚生子女或令人尷尬的家庭關係。詭計多端的潛行者甚至可以利用政客的DNA製造虛假的生物學證據，將這個偽證據與強姦、謀殺或任何其他罪行加以連結。罪證可能在法庭上不會成立，但是懷疑和醜聞便足以破壞你的事業。

遺傳麥卡錫主義（genetic McCarthyism）發生的可能性並不是科學幻想。在2008年美國總統大選後不久，頂尖學術醫學刊物《新英格蘭醫學雜誌》刊登了一篇標題明確的文章〈總統候選人的遺傳隱私〉，警告在即將舉行的總統選舉中，所有候選人的DNA都可能會被盜用，並且用來對付他們。這篇文章的作者指出，美國選民和新聞界都傾向於堅持瞭解候選人的健康狀況，在2008年競選期間，巴拉克‧歐巴馬和他的對手約翰‧麥肯（John McCain）都被敦促出示他們的病歷，證明他們兩位足以勝任總統職務。文章作者指出，收集一些總統的DNA就像在公共活動中伸出手握手（這是每個政客都很樂意做的事情）一樣容易。[121]

2002年在大西洋彼端的英國大肆報導了一個宣稱密謀竊取哈利王子DNA的陰謀。據推測，這起精心設計的竊盜案是由一家報紙所策劃，目的是要澄清有關哈利父親身分的傳言，案件涉及一名迷人的女子，她接近王子，並從他身上取得一根頭髮樣本。有報導指出這個美人計最後被揭穿，所以盜竊事件並未得逞。但此一事件促使英國議會根據《人類組織法》將秘密的DNA檢測訂為非法行為。[122]

有報導指出，各地特勤局都在仿照瑪丹娜的多疑措施，以避免總統和政要們的基因被駭客入侵。前《華盛頓郵報》記者羅納德‧凱斯勒（Ronald Kessler）在他的《特勤局秘辛》（*In the President's Secret Service*）書中指出，美國海軍執事在歐巴馬總統離開白宮外出時，會隨行在後方以收集床單、水杯和他觸摸過的任何其他物體，進行消毒或銷毀。基於明顯的安全理由，總統工作人員並未證實這項報導是否屬實，但是這個說法似乎很合理。在2010年維基解密頻道中透露，遺傳情蒐是真有其事之後，其他國家可能也已經採取了類似的預防措施。[123]

然而，我們幾乎無法避免身體各部位脫落的每條微小的生物痕跡，甚至連總統也不例外。對於政客來說，還有透明度問題：如果候選人的罕見變異會明顯增加心力衰竭或早期癡呆的風險，那麼公眾是否有知情的權利？考慮到大多數疾病的遺傳風險僅是概率性的，並且歧視不良檢測結果的可能性非常大，因此很難回答這個問題。以約翰‧費茲傑羅‧甘迺迪（John Fitzgerald

Kennedy）為例，他患有愛迪生氏症（Addison's disease），這是一種自身免疫性疾病，可能會影響他執行總統職務的能力。就算當年已經有DNA檢測，也只會發現有輕微的易感性會導致病發。不過這種疾病並沒有妨礙甘迺迪成為歷史上最傑出的領袖之一。

讓每個政治候選人都簽署禁止DNA盜竊行為的文件也許是明智的。但是選民還應該意識到有關人們DNA的故事，仍可以被有心人士到處宣揚，就像每天在媒體和社交網路上製造的假新聞一樣。我們必須瞭解，從行為上來看要比檢測DNA更容易判斷政治家們的意圖。

不是一張藍圖

我們真的會遭遇如同《千鈞一髮》裡所發生的未來情節，像遺傳學上的「傷殘者」在電影中被貶抑為社會中的次級地位？我們會不會長期生活在擔心自己的DNA有被擷取和審查的恐懼中呢？我們需不需要在面試時戴上乳膠手套和口罩，以避免留下生物痕跡？我們確實需要留意自己的遺傳訊息，但是現實可能不會那麼令人悲觀。

《千鈞一髮》之類的故事讓人聯想到遺傳決定論的恐懼，即我們的命運已經烙印在我們基因中的想法。但是DNA並不是一個藍圖，它是一種遺傳配方。兩者之間的差別很重要：汽車或建築物的藍圖是產品外觀的精確副本，而配方並不是固定的方案。有人可能會說巧克力餅乾的配方無法做出起司蛋糕，大象的DNA不會生出貓，但是你無法僅從配方就能準確預測一塊餅乾會長成什麼樣子，或單一個人會有什麼樣的行為，因為你無法控制所有影響結果的變數。

如果打開一包餅乾，你會發現每塊餅乾都用相同成分製成，並且在相同的條件下烘烤，只是不會有兩片餅乾長得一模一樣。如果仔細觀察，你會發

現幾百個細微的差別：這裡烤焦了，那裡有巧克力碎片，由於隨機冒出來的氣泡，溫度的細微變化，不同成分之間獨特的相互作用以及成千上萬種不同的物質，造成在不同的地方出現凹凸不平的現象。同卵雙胞胎在遺傳上等同於工廠製造的餅乾：他們具有相同的DNA，胚胎在相同的子宮中發育。他們看起來非常相似，在許多方面卻截然不同。他們有不同的品味、性格和態度，在生活中做出不同的選擇。他們所發出的聲音聽起來是一樣的，但是敏銳的耳朵可以發現音調的細微差別。如果你讀取了雙胞胎的DNA，則會發現他們是同一處方的重複副本，卻是不同的兩個人。即使人類是由具有相同DNA的相同克隆構成的，但是由於還有與基因體相互作用的非遺傳因子在作用影響外觀，人們的長相看起來也會有所不同。

在我們每個人體內的重要組成中，每種成分都是一種蛋白質，每一種蛋白質都由我們2萬個基因的其中一個編碼。蛋白質和基因積極且連續地相互作用，這些作用受外部環境的影響，就像巧克力餅乾的成分一樣，只是進行的方式更複雜。我們不像一個有藍圖的產品，更像是一座宜家家居的衣櫃，無須遵循精確的說明即可組裝。

《千鈞一髮》是一部很棒的電影，但是它是基於反烏托邦的錯誤前提：我們的DNA是天生註定的。呃，其實並不是這樣的。讀到這裡，你應該會知道僅靠遺傳學並無法解釋我們的性格、行為和智力，或者我們對常見疾病的易感性。我們大多數的性狀都是多因子控制的，並且取決於許多遺傳和非遺傳因子的共同影響，因此很難從DNA的角度去預測。

雇主和保險公司很快就會意識到，至少對於大多數人而言，DNA並非命運註定，而是常常相互抵消的「好」和「壞」變異的結合，例如保護我們免於巴金森氏症的同一DNA會使你容易中風，而有助於數學天才或藝術家誕生的相同基因配方可能會增加自閉症、躁鬱症或反社會行為的風險。

但是，仍然會有一些家庭和個人擁有罕見的變異，對這些人而言，DNA

和命運有著密切的關聯，例如那些具有杭丁頓氏症基因突變的人，不管其DNA中是否有其他因子，都會發展為杭丁頓氏症。正如我們所見，所有其他單基因疾病均可從遺傳學的角度完全解釋，這也是事實。

這些情況並不能改變DNA是一種配方的事實：它們只是意味著某些突變具有極大的危害性，以至於它們以可預見的方式影響生物體，好比在餅乾混合材料中添加鹽而不是糖。但是這些突變近乎確定性的特質讓這些家庭有了被攻擊的目標，因為DNA檢測能可靠地預測新生兒是否會患上杭丁頓氏症、囊性纖維化、肌肉萎縮症或其他罕見的單基因疾病。如果必須去想像一個遺傳歧視很普遍的非理想化未來，那麼患有罕見疾病的家庭可能是最先被剝奪健康保險或長期工作的受害者。實際上，到目前為止，很少有基因歧視案例涉及帶有這些罕見突變的人。

諷刺的是，帶有罕見遺傳條件的個人和家庭也是從共享DNA訊息中受益更多的人。我已經和這些家庭一起度過了部分職業生涯，並且目睹了他們在尋求診斷上的困難。有超過5,000種已知的單基因疾病，其中有些是極為少見的，全世界只有少數患者，甚至有一個家族裡獨有的突變。診斷這些疾病曾經是一個反複嘗試錯誤法的漫長過程，並且涵蓋許多年的研究。現在已經有一個軟體可以將一個患有無法診斷的致病突變的孩子的整個DNA檔案，與親戚和數百個來自公共遺傳資料庫檔案的DNA序列比對。如果運氣好的話，可以在幾天甚至幾小時內得到答案。這是命運的一種奇怪的轉折點，DNA共享既是這些人最棒的朋友，同時也是最大的危險：儘管它可以協助找到正確的治療或診斷方法，但始終存在訊息落入錯誤之手的風險。

歧視的風險並不只會發生在受拗口名稱遺傳性疾病影響的家庭。在充滿人潮的劇院裡，其實就很可能會發現有帶有罕見但不稀有的變異，這會大大增加患上共同疾病的風險。100人中有兩個人的變異會使他們終生罹患阿茲海默氏症的風險增加15倍，變異會使罹患巴金森氏症、乳腺癌和大腸癌的風

險增加高達70～80%。此外，我們都有無數與負面特徵無甚關聯的變異，它們除了可以作為歧視的藉口之外，對我們的意義不大。

我們可能不需要像弗里曼在《千鈞一髮》中下班時所做的那樣，在離開工作場所之前，用真空吸塵清理鍵盤和辦公桌，以確保沒有留下基因痕跡，但是我們必須避免DNA訊息落入壞人手中，而又不會變得太過多疑。

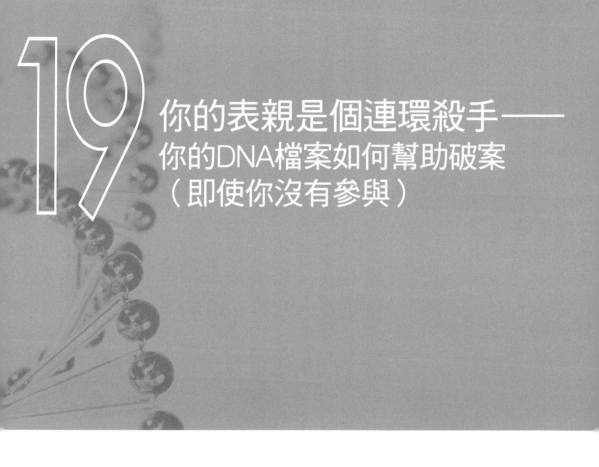

19 你的表親是個連環殺手——
你的DNA檔案如何幫助破案
（即使你沒有參與）

　　2011年2月26日，在義大利貝爾加莫（Bergamo）附近的灌木叢中發現了13歲的雅拉·甘布瑞希歐（Yara Gambirasio）的屍體。她失蹤了三個月，數百萬義大利人焦急地追蹤著她的搜尋結果。驗屍報告指出她被刺傷而後被丟棄在寒冷的環境中死亡時，這個案件頓時成了集體關心的話題，並且困擾著公眾多年。尋找殺害雅拉的兇手成為義大利歷史上最昂貴的追捕行動，也是世界上第一個大規模的遺傳撒網行動，這為利用嶄新且效力強大的策略偵破懸案開了先例。對於許多相關人員而言，這也將成為一場隱私噩夢，從而暴露了DNA調查的隱憂。

 DNA國度

無名氏 1 號

　　雅拉居住和被謀殺的地方是一個關係緊密的社區，位於散布著小村莊的山區，當地人操著對大多數義大利人也難以理解的倫巴底（Lombard）方言。這群低調、執著的人們同樣也被兇殺案嚇到了，並且為了引起媒體瘋狂關注，導致日常安靜生活受到干擾而苦惱。在雅拉的緊身褲上發現了一塊微小的DNA遺跡，但是經過比對，警方資料庫中的所有既存樣本都不匹配。兇殺事件發生數個月後，調查人員仍然一無所獲，案情還因為錯誤的線索而陷入膠著，並不斷承受來自媒體的強大壓力。當時他們轉向了一個既絕望又在技術上具挑戰性的解決方案：他們要求居住在雅拉村莊附近的每個人提供他們的DNA，以便與嫌疑犯留下的遺跡比對。

　　當地人都自願參加篩檢。在幾個月的時間裡，一個法醫專家小組從當地收集並分析了22,000多份樣本，並將這些樣本跟在雅拉衣服上發現的「Ignoto 1」（如同英文裡的John Doe 1，代號為義大利文的未知嫌犯）DNA加以比較。鄰居、僻靜山區的村民、雅拉進行體操訓練的當地體育中心的孩子們、發現她屍體附近的一家夜總會的顧客們，全部都排好隊，將口水吐入試管，並接受DNA檢查，但是無人與發現的Ignoto 1特徵吻合。

　　後來警察嘗試了一些新的方法：他們再次查看了資料，這次尋找的人並非完全配對，但可能與嫌疑犯有遺傳學上的關係。換句話說，他們將DNA收集物轉化為相對等的親戚搜尋的法醫鑑定物，希望找到犯罪嫌疑犯的可能家庭成員，然後再縮小到個人的身分。結果這個策略奏效：有一個謀殺案發生時身在國外的人的DNA，經過比對，證明他是Ignoto 1的遠房表親。

　　從他開始，警探們開始研究可追溯到1700年代的系譜檔案，尋找他們可以追蹤的每個家庭成員。他們終於找到了附近一個村莊已經過世的親戚，朱塞佩‧古里尼（Giuseppe Guerinoni）。他已經於1999年過世，他是名公車

司機，警方並從他幾年前舔過的郵票中萃取了他的DNA。一項遺傳檢測證實他是Ignoto 1的父親。法官下令挖掘屍體，而另一項檢測證實了這個結果。

這個案件看起來似乎已經接近結案，但事實證明，這僅僅是另一場媒體狂潮的開始。古里尼的孩子和他遺孀的遺傳剖析與Ignoto 1的遺傳剖析完全不符，這表明嫌疑犯可能是公車司機的私生子。這個結果就像定時炸彈一樣，死者的DNA揭露了過去的爆炸性秘密。

男性去打牌的當地酒吧成為便衣警探的目標，他們去尋找隨著古里尼逝去而埋葬的傳言，也利於找到Ignoto 1的母親。家庭主婦外出採買的小市場是電視報導的理想場所，這裡有新聞記者騷擾年長的居民，追問他們過去的出軌疑慮。新聞和脫口秀節目向全國關心進展的民眾提供了案件的每個細節，完全沒有考慮到相關人員的隱私。

在此同時，Ignoto 1仍然逍遙法外，沒有意識到他生身父親的身分以及他家人的基因正在偷偷地告發他。

這種故意挑釁的行為惹毛了當地人，但是它奏效了。再次出現舊的傳言說公車司機是個好色之徒，有三個孩子的已婚婦女埃斯特．阿爾祖菲（Ester Arzuffi）是他的情人。警察將目標針對她43歲、職業是建築工人的兒子馬西莫．博塞蒂（Massimo Bossetti），趁著在路邊攔檢他並進行酒測時，取得他留在呼氣酒精測定器上的唾液。他的DNA經比對，與Ignoto 1相符。2014年6月16日，也就是雅拉被謀殺近4年後，博塞蒂被捕。儘管他在法庭上為自己的清白辯駁，最後還是被判處無期徒刑。

嚴格來說，調查是成功的。以前沒有人做過這種規模的遺傳家族研究，且這項技術行之有效。另一方面，這起案件留下了侵犯犯罪嫌疑犯的遺傳關係人隱私權的痕跡。《衛報》在2015年報導：「古里尼的遺孀在她的遲暮之年被迫接受丈夫的不忠和他有私生子存在的事實。就在馬西莫的法律上父親喬瓦尼．博塞蒂（Giovanni Bossetti）被診斷出罹患末期癌症的同時，他成

了美國最著名的戴綠帽者,與義大利其他地區的人同時得知他的三個孩子都不是他的親生子女。」

　　如果有一本關於如何不去理會遺傳隱私權的手冊,那麼雅拉的戲劇性案例就是最好的例子。在公眾和媒體的壓力下,調查人員專注於解開犯罪嫌疑犯的身分,而忽略了其他人的隱私。他們建立了一個包含數千個家庭及其DNA的資料庫,從當時可以與許多遺傳公司的規模相提並論的親戚搜尋器開始,而沒有考量到相關人員的隱私防火牆。無辜的不相干人士因為一項檢測而讓自己的基因與犯罪嫌疑犯的基因扯上關係,結果也被媒體寫進報導中,因而暴露了隱私。

　　令人難以置信的是,大多數國家還沒有規則或甚至準則來保護參與DNA撒網調查者的隱私。

遺傳線民

　　在甘布瑞希歐調查事件發生的幾年後,在美國有一件懸案證明了DNA家族搜尋的力量,甚至可以在更大的規模之下發揮得淋漓盡致,這次使用的是網上的遺傳社交網路。[124]

　　所謂的「金州殺手」(Golden State Killer)是一個於1970到1980年代,在加利福尼亞州涉及12起謀殺案和至少50起強暴案的跟蹤作案者。他在1986年犯下最後一起強暴殺人案之後,便銷聲匿跡、逍遙法外20多年。一直到一個持續關注這個案件,並且熱愛遺傳學研究的加州警探保羅・荷爾斯(Paul Holes),追蹤一個1980年代強暴案兇手身上所遺留的生物材料製成的套件,他從中提取並解碼了一個DNA檔案,並將這個檔案上傳到GEDmatch.org。GEDmatch.org是一個完全免費且相當於23andMe 上親戚搜尋器的功能加強版,包含數百萬將他們的遺傳資料上傳做系譜研究的唾液受測者。他從那裡追蹤與兇手有親戚關係的25個家族樹。

美國各地都出動警探去訊問這些家庭，直到有一個線索連結到約瑟夫·詹姆斯·迪安杰洛（Joseph James DeAngelo），這位72歲的美國海軍退伍軍人暨前警官，與妻子和三個女兒一起在沙加緬度安靜地過著退休生活。當警察掌握了他的DNA時，它與犯罪現場發現的DNA相符合。迪安杰洛於2018年4月24日被捕，在我撰寫本文時，他正在加利福尼亞州因涉嫌謀殺和強暴的數項罪名等待面對死刑的審判。

搜尋殺害雅拉兇手的費用高達數百萬歐元，出動了數個遺傳學家小組，並動員全體民眾自願提供DNA。相較之下，識別迪安杰洛家人則輕而易舉：調查人員將嫌疑犯的DNA上傳到網際網路上，然後等待一個遺傳平台進行大量的取樣和比較。隨著金州殺手案件偵破，DNA家族查尋的精靈最後還是從瓶子中被釋放出來了，這將造成難以遏抑的惡果。

在迪安杰洛被逮捕的幾個月後，警探們同時還逮捕了一名在1988年毆打並殺害了一個8歲女孩的男子、一名被控於1992年殺害一位小學老師的流行音樂播音員、一名在1981年謀殺房地產經紀人的嫌疑犯、一名被指控在1986年強暴和謀殺一個12歲女孩的男子。這些都是經由在GEDmatch、Ancestry.com和其他遺傳社交網路上對親戚的DNA進行三角剖分而找出來的罪犯。

在遺傳社交網路上從事家族的搜尋，現在已經成為法醫學上的黃金標準，有助於解決每個月新發生的案件，並且重新開放和偵破數十起懸案。美國的許多警察部門將這些調查工作外包給專門的公司，這些公司將嫌疑犯的DNA檔案上傳到幾個遺傳社交網路上，並追蹤他們的近親和遠親、調查他們的位置、家族史以及可能有助於調查員找到其樣本所有者的任何訊息。即使他們在網路上用的是暱稱，我們也可以透過DNA公司所保存的紀錄來找到他們，例如他們寄送檢測套組的地址，用於付款的信用卡上的姓名，或是他們用來上網的電腦的網際協定（internet protocol, IP）。大多數遺傳公司的政策是拒絕當局對這類訊息的要求，但是他們也明確表示，如果警察持有效的授權令，他們還是會交出資料，23andMe甚至公布了法律的執法指南。[125]

家族搜尋對於用其他方法都無法解決的狀況，都能創造奇蹟。然而它們讓每個人都有被警察登門造訪的風險。任何人都可能被問到有關罪犯的問題，被懷疑可能是幫兇，或者僅僅因為罪犯是遠房親戚而暴露自己的私生活。不在警察資料庫或遺傳社交網路中的人也無法倖免，因為搜索範圍擴大到了家庭的所有成員，甚至包括那些從來沒有將口水吐到試管裡的人。一個研究小組在2018年指出，美國白人10個有6個可以透過DNA社交網路追蹤，無論他們是否做過DNA檢測。

家譜裡緊密結合的性質，使得從遺傳社交網路開始，並沿著家族分支移動以識別不在資料庫裡的親戚變得容易。每年都有愈來愈多的人在遺傳社交網路網站上註冊，你不一定要是唾液受測者，只要你有DNA、名字和祖先——簡而言之，就是生活在地球上的任何人——都可以透過家族搜索進行追蹤，只是快慢的問題而已。[126]

當你的家人和你的遺傳物質成為當局的耳目時，令人不免要擔憂起隱私了。沒錯：我會很樂意與執法部門合作，提供包括我的基因在內的任何訊息，以便將兇手繩之以法。問題在於它們的使用範圍。看起來最不起眼的地方，愈容易出錯：誰來保護我以及我家人的隱私？誰來決定哪些罪行適合進行家庭搜查？

作為一個負責任的公民，我可以接受甚至稱讚可以利用我的遺傳和家族訊息來尋找連環殺手或強暴犯的這一個事實。但是輕罪呢？遺傳證據甚至在輕微犯罪中也得到了人們的認可，並且有報導說，根據殘留在安全氣囊、啤酒罐甚至蚊子體內血液中的DNA還逮捕過汽車竊賊。[127]家庭搜尋被擴展到此類犯罪是否能接受？我真的想把這些留給法官或政府酌情決定？明天他們可以利用我的DNA找到政治異議人士，以確定某人在我的國家中是否有家人並因此享有公民權，或我尚未同意的其他目的？

當我第一次思考這些問題時，不禁想到了我的叔叔喬凡尼（Giovanni），他是二戰納粹佔領歐洲期間的游擊隊員。保安隊伍（*Schutzstaffel*，SS）在俘虜他、折磨他一個月之後才殺害他。但是他並沒有透露任何會傷害他同伴的訊息。像其他許多人一樣，他選擇了緩慢而痛苦的死亡，而不是告發他人，但他是可以選擇的。隨著家族搜尋的到來，無論面對任何不公正的迫害，你的DNA都能為你和你的家人發言。

這些新工具挑戰了已經建立了數百年的自由意志觀念以及前基因體時代自由世界公認的規則。當西班牙宗教法庭、蓋世太保或史塔西（Stasi，前東德國家安全部）上門尋求訊息時，你可以選擇：合作、拒絕，然後以坐牢、接受酷刑或犧牲生命的形式來償還，就像喬瓦尼叔叔的命運一樣。就算電子間諜也會為自己留個後路：你可以加密通信，脫離公共設施並嘗試向系統提供虛假的資料。但是如果我叔叔今天要躲藏起來，一個新的法西斯體系可以透過他留下的生物痕跡找到他。我和我親戚的DNA將在家族搜尋中出賣他的姓氏，而我對此無能為力。正如系譜學家莎朗‧克里斯特瑪斯（Shannon Christmas）在接受《大西洋月刊》（*The Atalantic*）採訪時所說，一種旨在使家人團聚的工具，「現在基本上已被用來讓家人把他囚禁入獄。」

隱私權倡導者認為DNA家族搜尋將家庭成員變成了遺傳訊息提供者，這違反了美國聯邦憲法增修條文第四條（the Fourth Amendment in the US）、《歐洲人權公約》（*The European Convention of Human Rights*）和許多其他立法所確立的免於被任意搜尋、扣押的人權。一位美國馬里蘭州代表在接受《連線》雜誌的採訪時說：「DNA不是指紋。指紋只與你個人有關。DNA可以延伸到你的過去、現在和未來。[……]公民和政策制定者必須就我們真正簽署的內容坦誠地交談。」2019年，馬里蘭州通過了世界上為數不多的其中

一個立法，禁止州警進行等同於非法搜索的家庭搜查。[128]

大多數國家可能並不想像馬里蘭州那樣實施激進的禁令。當然，放棄如此強大的工具來打擊嚴重犯罪者很可惜，但是當前最重要的，是要討論如何規範這些應用程式，並提出保護公民隱私權的方法。同時，唾液受測者需要知道，即使是最單純的家譜應用也可以使他們的家人在調查過程中受到監視。在「金州殺手」案發生之後，GEDmatch在隱私權政策中添加了一個單元，警告訂戶發生這種事情的可能性。這個網站補充，如果你想要的是「絕對的隱私和安全」，那麼首先就不應該上傳你的遺傳材料，如果你已經上傳，那麼請刪除它。但是即使在這種情況下，正如我在上文中提到的，你也可能成為DNA家族搜索的潛在目標，這種搜索也會延伸到從未在網上提交過DNA檔案的用戶。

被偷走的阿根廷孩子

在阿根廷，有一個涉及家族隱私的DNA搜尋已經變成法律上的燙手山芋，當時一個經營媒體集團的名門望族與該國歷史上令人厭惡和痛苦的一頁連結在一起。

在1976年至1983年間，處於殘酷的軍事獨裁統治之下的阿根廷，有3萬名公民遭到綁架、酷刑和殺害。他們的屍體從未被發現，因此被稱為失蹤人口（Desaparecidos），他們通常會在一夜之間消失得無影無蹤。在所謂的死亡航班中，有一些人從直升機中被扔到海裡，卻從未被找到，還有一些屍體在獨裁統治末期的萬人塚中被發現。

不只如此，還有更殘酷的行徑出現，失蹤人口裡的孕婦在分娩後才被殺害，然後將嬰兒留給同情這個政權的家庭收養。根據「五月廣場的祖母」協會（Las Abuelas de la Plaza de Mayo，一個尋找失蹤孫子女的協會）估計，現年30歲至40歲的青年人裡，至少有500人可能是因持不同政見而遭殺害者的孩子，然後他們被軍人家庭或獨裁統治的夫婦所收養。

這些*niños robados*（被偷走的孩子），對阿根廷社會是一個開放性傷口，在軍事統治之後，這個社會一直想要努力達成和解，並且在大眾文化上留下了印記。奧斯卡獲獎電影《官方說法》（*La Historia Official*）劇情圍繞著阿根廷被偷走的孩子；還有反烏托邦小說《使女的故事》（*Handmaid's Tale*）作者瑪格麗特·愛特伍（Margaret Atwood），在這部小說中描述孩子從母親身邊被帶走，並且送給不育的政治菁英夫婦。她曾說過，阿根廷發生的事件是她故事的來源。[129]

由於失蹤人口的事蹟，法醫學上DNA研究在當代阿根廷社會中佔有特殊的地位。由國家資助的生物資料庫已經收集了失蹤人口及其家人的DNA，政府已使用愈來愈多的先進遺傳技術來追蹤被偷走的孩子，並試圖與過去進行艱難的修復。到目前為止，搜索已經找到了129名現在已經長大的成人，他們是從被謀殺的政見異議者手中奪走的孩子，並送給了和獨裁政權親近的家庭。很難想像，在知道殘忍殺害你生母的兇手和你養父母可能關係密切時，你所受到的衝擊。但是也有人在瞭解自己的真實人生時感到寬慰。[130]

根據祖母協會在2001年收集的證據顯示，阿根廷最大的媒體集團《號角日報》（*Clarin*）家族繼承人的兩姐弟馬賽拉·諾伯·賀雷拉和菲立浦·諾伯·賀雷拉（Marcela和Felipe Noble Herrera）是從被謀殺的政見異議者手中奪走，並被宣稱和軍隊有深切淵源的諾伯·賀雷拉家族收養。於是協會開始了一場法律戰，希望取得馬賽拉和菲立浦的DNA來和失蹤人口的生物資料庫做比對，但是兩姐弟拒絕提供樣本，並且在法庭上加以反擊，理由是遺傳隱私以及他們有權決定是否想瞭解自己的過去。馬塞拉·賀雷拉在一次採訪中說：「我們的身分是我們自己的。這是私事，我不認為要由國家或祖母協會來告訴我們哪些是屬於我們的。」[131]祖母協會認為，調查可怕罪行的公共

利益有正當理由來涉入隱私。

　　長達10年的訴訟直到最近才結案，法官派遣武裝警察到賀雷拉姐弟家中，扣押他們的內衣和其他私人物品，並且從中提取DNA。事實證明，賀雷拉姐弟與任何已知的失蹤人口都沒有關係，此案最終被駁回。但在個人的遺傳隱私與瞭解國家歷史或犯罪的公共權利之間的平衡上，留下一個仍未解決的難題。強迫賀雷拉或其他已成年的據稱被偷走孩子被迫違背自己的意願下，進行檢測的行為是否適當？社群是否應為了某些更大的正義和潛在的協調義務，迫使某些人公開自己的私人故事，去接受被遺忘和痛苦的過去？[132]

　　隨著消費者基因體學的出現，這些問題變得更加引人注目，且沒有法院可以解決任何案件。當不少三、四十歲的公民們報名參加唾液檢測並上網使用「親戚搜尋器」時，有些人可能會發現自己的真正親人屬於失蹤人口的家庭，並會懷疑他們在獨裁統治期間遭偷偷抱養。有一些阿根廷人已經在使用系譜社交網路來確定自己與失蹤人口的關係，並在臉書小組上討論結果。來自阿根廷的客戶在註冊DNA檢測套組時是否應該被告知這種風險？如果發現有創傷的過去該怎麼辦？誰有權利知道這些過去？他們應該通知當局嗎？

　　由於許多原因，家族搜尋器是一個很棒且有用的工具。但是它們也提醒我們，我們的基因體和家族史是重疊的。我們可以改變國籍、語言和父母，甚至可以忽略我們的真實歷史。但是DNA總是能夠將我們重新連接到我們的過去，就像我們永遠無法關閉的飛行記錄儀一樣。[133]

20 我愛DNA折扣！——
你能接受遺傳訂製的廣告嗎？

　　墨西哥航空是墨西哥的國營航空公司。在2019年做行銷活動時，他們派人去了美國西南部，並且錄下影片，其中有些人說自己從來沒想過要越過邊界進入墨西哥。航空公司人員隨即要求他們隨意將口水吐入一根試管裡，並根據結果提供航班折扣：他們的DNA中的墨西哥血統愈多，獲得的折扣就愈高。這支影片頗具諷刺意味，並暴露了令人不安的統計事實：美國西南部的人口通常對墨西哥人存有偏見，並支持反移民政策，卻具有最高比例的墨西哥血統。人們驚恐地得知自己是20％或30％的墨西哥人，卻在飛往墨西哥的航班價格上獲得巨大折扣時，露出了笑容。

　　我們並不清楚折扣的提議是否屬實，但是這個廣告系列大受歡迎。在川普總統任職期間，在美國和墨西哥關係緊張的時代，以及在兩國邊界沿線築起一堵牆的隱約到來時刻，這場活動生動地證明了我們的基因沒有邊界，而

且我們都是遺傳學上的雜種。[134]

廣告客戶的天堂

墨西哥航空的宣傳活動可能只是廣告噱頭，但是DNA量身訂製的行銷背後的想法是很嚴肅的。快速瀏覽專利資料庫後發現，至少有十幾個專利申請提到了遺傳訂製的廣告。這些發明絕大多數現在可能仍在規劃之中，但是這項技術已經成功地踏出了第一步，特定DNA剖析的線上行銷出現，只是遲早的問題。

根據全球廣告代理商哈瓦斯（Havas）的一份報告，將醫療保健和旅行列為人們比較容易接受遺傳訂製行銷的類別，並且很容易看到DNA如何為廣告商提供有關這些領域的有用訊息。這份在澳洲委託執行的報告指出，高達70%接受過DNA檢測的澳洲人有興趣接收根據基因而來的行銷訊息，他們特別想要的是根據祖先歷史、根據遺傳口味訂製食品的旅行；還有，奇怪的是，不太容易掉毛的寵物，是不是他們的DNA暴露出對毛皮過敏的風險？（寵物店老闆，請注意哦！）[135]

DNA裡的易感性和風險不必是有意義的或科學準確的：只有對我們很重要時才有關係，這就是我們在乎行銷的原因。舉例來說，如果你懷疑自己的體質容易中風或得糖尿病，那麼你可能更喜歡點擊有關膳食補充劑，而不是針對手腳笨拙的廣告。

除了可感知的風險之外，我們的DNA是廣告商夢寐以求的訊息寶庫。我的基因說我的耳垢是乾的、很可能是個直髮的白種人，而且不太可能會禿頭。當代理商可以檢查我的基因並更精確地鎖定我當目標時，為什麼要浪費部分廣告中的寶貴預算來向我兜售鬈髮專用洗髮精或抗禿乳液。如果有一天我的DNA剖析告訴我這樣的話：「嘿，塞爾吉奧，你有品嘗苦味的變異！不錯哦！你想不想嘗試專門為像你這樣的超級品嘗者而製作的新型咖啡混合物的細微差別呢？」或「嘿，你有乳糖不耐症：來試一下我們新的超級容易消化（SuperEazyDigest）乳糖酶配方！」[136] 我不會感到驚訝。

血統是旅行業行銷的絕佳機會。甚至在墨西哥航空公司之前，前面提到的網上旅遊公司Momondo利用揭露人們發現自己遺傳血統後的驚奇，製作了一部人氣超高的短片，還發起了「DNA旅程競賽」，客戶可以贏得DNA檢測套組，並能免費前往跟他搜尋結果相關的地方去旅行。其他公司，甚至某些國家的旅遊局，一定會緊接著跟進，而且什麼事都有可能，沒有極限。很快地獲得特殊優惠去愛爾蘭、義大利或巴布亞的「遺傳家園」旅行，或者取得折扣機票去見你在「親戚搜尋器」上找到的遠親也即將司空見慣。

但是根據DNA而做的折扣可能是個法律上複雜、難以推行的雷區，這可以解釋為什麼墨西哥航空沒有完全遵循競賽期間提出的條件。根據不同血統收取不同的價格將等同於按「種族」或國籍區分客戶，這幾乎在所有地方都是非法的。監管機構是否會同意破例，並允許根據我們的DNA提供折扣？遺傳技術的出現又再一次挑戰了規則，這些規則是在前基因體時代編寫的，當時血統只有是否，而不是遺傳報告中百分比的問題。

加強個人資料

曼迪・卡普里斯托（Mandy Capristo）是一位高雅的德國十大流行歌手。她以一首成名曲〈我想要擁有自己的自動提款機〉（Ich wünsche mir einen Bankomat）開始職業演唱生涯，並組成女子樂隊Monrose，之後單飛成為獨立歌手，她的歌曲曾經登上流行歌曲的排行榜。當我在Spotify上搜尋她時，她最受歡迎的曲目是〈Si Es Amor〉，這是一首帶有西班牙標題和德語歌詞的舞蹈音樂，是最不可能符合我音樂喜好的組合。

我對曼迪的所有過往都略有耳聞，甚至強迫自己去聽她那些難以掌握的流行歌曲，只是因為臉書認為、也告訴我，我是她的粉絲。我從來都不知道為什麼會這樣，直到有一天，我查看了自己的個人檔案，然後在我臉書上的「新聞和娛樂」項目下，曼迪居然出現在建議我去「按讚」的地方。這就是臉書的作為：它的演算法分析了我們在社交網路和其他網站上的日常活動，並試圖推測我們可能喜歡或不喜歡的東西。

從臉書向我推薦卡普里斯托這件事，讓我知道這個系統在檔案配置上有很大的問題存在，但這通常是正確的。我們在個人檔案上看到的偏好只是冰山一角。從表面上看，社交網路每天收集有關每個用戶的數百個資料點。[137]毫無疑問，臉書、IG、推特和Youtube等社交網路都是免費的，但其商業模式是盡可能多收集訊息。他們可以描述其用戶的個人資料，以便廣告客戶可以花大錢來發布針對每個個人資料量身訂製的廣告。我們在網路上編寫、觀看和訂購的所有內容；我們喜歡的貼文、我們去過的地方、我們擁有的朋友以及我們分享的任何其他訊息，都可以用來更貼近我們的消費者形象。

隨著愈來愈多的消費者開始加入唾液受測者的行列，將遺傳訊息添加到社交網路配置檔案中，可以填補用戶訊息中的空白，並使每個人都成為更好的行銷目標。諸如臉書和IG之類的主流社交網路，可能很快便會鼓勵用戶開始上傳他們的DNA檔案，並使用它們來增強個人檔案。大型遺傳平台還可以藉由引入遺傳學上量身訂製的廣告，有時候還包括血統來增加收入，Ancestry.com的隱私聲明也提到了這種可能性。[138]DNA增強行銷的前景，甚至可能導致遺傳公司和主流社交媒體合併為大型平台，從而整合所有可用的基因和非基因的資料。[139]

使用行為遺傳學來預測顧客的選擇將特別吸引行銷人員。你是那種會購買房屋保險（遺傳易感性較低）或玩線上撲克遊戲和跳傘運動（尋求風險）的人嗎？你是會根據技術規格（功利主義剖析）、未來派設計（想像力剖析）、速度（腎上腺素癮君子）或低排放量（敏感、移情剖析）來購買新車的人？這些行為全都有很強的遺傳成分。對雙胞胎的研究顯示，從汽車到食品雜貨，從智慧型手機到電影票的各種產品的偏好有多達50%是天生的，甚至有堅持購物習慣的傾向。沒有檢測能夠準確預測這些性狀，因為它們還取決於經驗和教育等非遺傳因素，但是這些訊息和其他數百個其他資料，將有助於接觸更寬廣層面消費者的檔案。[140]

我們的DNA訊息一旦注入到大數據遊戲中，就會讓我們容易被說服，這是有道理的。在2011年，全球最大信用卡公司之一的Visa就招惹了很大的麻煩，當時它的一項專利申請提到DNA作為行銷用途的數據（之後Visa已刪除了來自專利競標中對遺傳材料的引用）。[141]

如果我們管理不當，以DNA為廣告素材的後果確實令人擔憂。有一個廣告根據我的遺傳推斷來源，慫恿我去造訪挪威或俄羅斯，或根據我的遺傳偏好推薦餐館，這些推薦都是無害的。另一方面，從網路窗口彈出建議我購買不正確的DNA易感性的藥物、補品或治療方法，這些對我的健康和我的錢包都是潛在的危險。大量針對特定臉書和推特個人資料的社交媒體宣傳和虛假新聞已經影響了美國和歐洲的選舉：將DNA的變數添加到組合中，可能只會使我們更接近傅柯的反烏托邦。

公諸於世才是王道——
當你掌握隱私權時

21

在美國華盛頓特區、網際網路時代最愚蠢的樑上君子侵入某戶人家，將其洗劫一空。這個家庭沒有裝設防盜監視器，但是這個犯罪主謀者打開了他剛偷來的筆記型電腦，在網路攝影機前留下了他的臉部的快照，並發布在電腦擁有者的 IG 信息流（feed）上。受害者是《華盛頓郵報》的編輯，有成千上萬的追蹤者。有人從小偷發布的圖片中認出了他的身分，並且在受害編輯的個人資料上提供了小偷的下落。幾分鐘後，小偷便被拘留在當地的警察局。

加拿大魁北克省的娜塔莉・布蘭查德（Nathalie Blanchard）女士在被診斷出患有嚴重憂鬱症後，正在長期休養。保險公司的一名經紀人檢視了她在臉書上公開的個人資料，並下載了她與朋友們愉快地開派對的照片之後，取消了支付給她的款項。她必須在法庭上證明自己的病情，才能恢復福利。

這些真實的故事與DNA並無關聯，卻是提醒我們的好例子，我們的隱私不僅受到駭客、間諜或專制政府的威脅：大多數時候，隱私的最大敵人就是我們自己，隨時準備在我們點擊「分享」應該設為隱私的內容時攻擊我們。

　　這些規則在遺傳社交網路也不例外，但是有一個重要的區別：在大多數的社交檔案中，你可以更改宗教信仰、政治觀點、地址、電話號碼、婚姻狀況、朋友列表、外貌和密碼。你可以為一張無聊的照片或愚蠢的言論道歉，也可以取消信用卡。但是DNA訊息一旦暴露，你將永遠無法取回；就像鑽石一樣的恆久遠，你的DNA會永流傳。**今天**你的大多數基因不會洩露太多你的私人訊息，但是明天可能會更準確地詮釋它們，並且可能透露對你不利的細節。有人可以偷偷竊取你的DNA，並違背你的意願加以檢測。警察可以利用你的基因進行家庭搜尋，然後上門詢問。要是你注重個人隱私，那麼你必須考慮的首要問題是，你所留下可能為他人所用的訊息。

　　凱文·米特尼克（Kevin Mitnick）是世界上最著名的駭客之一，在他的著作《反欺騙的藝術：世界傳奇黑客的經歷分享》（*The Art of Deception: Controlling the Human Element of Security--*）中，他描述了如何從被駭客入侵的公司獲取密碼和其他敏感訊息。簡要的答案是：「我只是問問題而已。」[142] 米特尼克的「欺騙手腕」指的是社交工程，也就是能夠說服人們提供你所需要訊息的能力，這是任何惡意駭客都必備的能力。隨著安全技術變得愈來愈複雜且難以破解，人為因素始終是安全鏈中最脆弱的環節——掠奪者可以利用這一點。我們與生俱來跟他人建立關係並共享訊息的本能，同時也是我們最大的弱點。

　　我們要如何捍衛自己呢？

遺傳太空人

谷歌的聯合創始人謝爾蓋・布林、諾貝爾獎得主吉姆・華生、遺傳學奇才克雷格・文特和喬治・丘奇和語言學家史蒂文・平克,這些人有哪些共同點?他們都是最早在網路上推動、並向所有人公開他們DNA的名人,他們的理由是,如果你的DNA有助於促進科學研究,那麼可能有必要犧牲個人隱私。這些重要人物的基因體,確實在2000年代初期為科學知識做出了貢獻,當時對人類DNA進行定序的價格仍然非常昂貴。一位科學家滿腔熱情地將這些人與我們當代的太空人加以比較,他們「正面臨著潛在的風險,但是為了我們和後代子孫的利益而將『他們的隱私』置於線上。」[143]

公開性(openness)也是個人基因體計畫(Personal Genomic Project,PGP)的基本原則,要求參與者在PGP網站上提供自己完整的基因體剖析。PGP創始人喬治・丘奇在個人簡介中以身作則,提供了自己的每一個細節:他的病歷、怪癖、性格,甚至有關腸道微生物的訊息。這似乎是一種反隱私的立場,事實卻恰恰相反:丘奇和PGP團隊都堅信,沒有資料是絕對安全的,他們希望參與者在共享基因體之前確切地知道自己在做什麼。上PGP網站註冊的人必須滿分通過線上考試,以證明自己瞭解公布資料後的所有潛在後果。

PGP看起來像是一個由先頭部隊所組成的精英俱樂部,他們將自己的DNA放進一個有嚴格公眾檢查的地方以利研究,它對參與者完全負責,而且毫無隱瞞。不過並非所有人都能成為太空人。儘管他們以科學的名義分享自己DNA的舉動值得讚揚,但是布林家族、丘奇家族、華生家族和其他公開擁護者並不是普通公民,而是各自領域的富裕領導人,他們沒有理由擔心受到遺傳歧視。

對於20多歲的學生或中產階級員工而言,情況可能不同,他們可能有

一天會因為雇主或保險公司在網上檢查他們的DNA，並且計算出他們有患病的高遺傳風險而失業或支付過高的保險費。老闆或保險公司可能無法正式要求查看你的DNA訊息，但是如果你已經上傳了遺傳資料，就無法阻止他們從網際網路上獲取訊息。

我們並非離群索居，分享訊息是我們生活的一部分。但是在某些情況下，我們必須能夠壓抑住想要去仿效那些能夠完全開放幸運者的衝動，而將我們的資料共享限制為特定受眾，就像控制在網際網路上發布的照片、影片和文字一樣。

重新識別的風險

2013年，研究人員亞尼夫‧厄里奇（Yaniv Erlich）揭露了一個隱私漏洞，這個漏洞至今仍然使DNA研究人員和唾液受測者不寒而慄。厄里奇在遺傳學上等同於「好的」駭客，他是滲透系統以幫助制定對策的專家。他和他位於麻薩諸塞州劍橋的懷特海德生物醫學研究所（Whitehead Institute of Biomedical Research）的研究小組，從公共資料庫中獲取了匿名男性的遺傳檔案，並上傳到一個免費的DNA社交網路中，這個網路是以Y染色體追蹤父系。

破解的方法很簡單：由於在大多數社會中Y染色體和姓氏都是一起傳下來的，當他們上傳的某個樣本跟社交網路上的父系相配對時，厄里奇和他的同事們通常可以找到相關的姓氏，然後使用受測者的出生地縮小搜尋範圍，直到找到他們的真正身分為止。[144]

厄里奇所做的事，有一個專有名詞叫做DNA**重新識別**（re-identification）。在儲存於遺傳社交網路或公共生物資料庫之前，所有DNA檔案都會**取消標記**（de-identified），也就是抹除受測者的姓名、地址、出生日期和所有其他個人相關的詳細訊息，全部與其 DNA 分開記錄。鏈接這兩條訊息的密鑰也已經加密，因此只有經過授權的人才能在需要時確定樣本的身分。

重新識別技術可以像厄里奇所做的事情一樣，透過與其他來源的資料交叉引用來將匿名 DNA 檔案重新命名。例如樣本上的出生日期和地點，或在不同醫院報告中發現的相同 DNA 剖分，也可以識別所有者，因為可以透過簡單地比較出生地點和日期與公共普查資料來追蹤大多數人：如果你居住在美國，則可以在某些網站上自行嘗試。[145]

重新識別是遺傳隱私的死星*，特別是對每個人都可以存取和下載匿名患者或捐贈者 DNA 檔案的開放性生物資料庫。由於存在這種風險，許多非營利性資料庫僅將存取權限開放給經過認證的研究人員，並且刪除了個人資料中任何有風險的資料，如出生日期和地點。

如果你決定與生物資料庫共享你的 DNA，而且可能有很多做這個決定的理由，那麼從一開始，你最好就不要輸入真實姓名、住址和出生日期，以降低重新識別再次發生的可能性。儘管科學研究通常需要按年齡組別對樣本進行排序，只要你將假的出生日期定在實際年齡的一、兩年內，那麼樣本並不會受到影響。

---

* 譯註：Death Star，《星際大戰》系列電影中的虛構太空要塞。

22 反監控清單——
如何保護你的資料？

自從成為唾液受測者以來，我已經盡量留意自己的隱私，並保護我的遺傳資料免遭窺視。我不想完全隱藏我的基因體，而且我知道訊息也永遠不會絕對安全。我只是試圖以一種能夠為我和科學研究盡可能提供最多的方式使用我的 DNA 檔案，同時還對我的遺傳隱私保持合理的控制水準。以下是我已採取的預防措施列表，以及根據我的直接經驗和專家的意見，我認為最有用的訊息。但是在瀏覽表單之前，我們必須要牢記一個重要事項：**隱私是一個音量大小的旋鈕，而不是啟動與關閉的開關。**

每個人都有適合自己需求的隱私級別：目標是在共享的實用性與不必要地暴露訊息的風險之間取得平衡，例如，患有罕見疾病的家庭經常將共享的程度訂為全面開放，因為他們的首要目標是尋找治癒、診斷的方法或與具有相同變異的人保持聯繫，即使這意味著必須犧牲隱私。

DNA國度

同樣地，渴望找到原生家庭的棄嬰可能希望降低隱私保密程度，並在個人檔案中添加更多個人詳細訊息，以增加成功的機會。這些用戶可能希望跳過我在下面介紹的部分或全部預防措施。另一方面，出於純粹的好奇心而加入DNA社交網路的人可能更願意保持較高的隱私級別，從而避免資料被盜用，並盡量採取所有可能措施來提高安全性。以下是一般性建議；它們僅反映了我的方法，不應視為對所有人的建言。

a）分別儲存你的DNA。

著名的消費者基因體學服務已經可以對所有資料做身分識別，並將DNA檔案與身分分離——但是你可以添加另一層安全措施以限制再次驗證身分。我用虛構的名字註冊，並用匿名的信用卡預付款項，然後請公司將我的檢測套組寄送到別人的地址。

這樣一來，在資料外洩的最糟情況下（公司伺服器中的所有訊息都被竊取並解密），會增加將我的DNA檔案與我的真實身分相關聯的困難度。為了進一步提高安全性，每次造訪公司網站時，請打開多疑模式並使用類似洋蔥路由器（Tor）的匿名瀏覽器。如此一來，你的網際網路通訊協定地址將不會被記錄在該公司的日誌中。

在資料庫上共享你的DNA時，要避免提供你的出生日期、地點以及地址（包括郵遞區號），這可能導致重新識別。你的大概年齡對某些研究而言可能很重要：你可以附上接近真實年齡的出生年份，從而使研究人員能夠將你的DNA納入正確的年齡組別中。

提防其他可能識別你身分的訊息，例如你的工作地點和職業，如果你的職務描述是渡鴉大師*，無論你有什麼樣的DNA，要找到你並不困難。

---

* Ravenmaster，指克里斯多福·斯卡夫（Christopher Skaife），他撰有自傳《渡鴉大師：我與倫敦塔的渡鴉》。

b）DNA 檢測是家族事件。

從定義上來看，家庭已嵌入我們的 DNA 中。這是你無法改變的事實。即使你不在遺傳資料庫中，家族搜索也可以顯示你的身分，並且可以藉著查看親戚的 DNA 推斷出你的部分 DNA 序列。專門從事遺傳隱私的律師丹·沃赫斯（Dan Vorhaus）寫道：「公共基因體學並不是純粹個人（而是家庭）的決定。」沃赫斯甚至在他將 DNA 檔案上傳到資料庫之前，先寫了一封信給他的親戚們，事先徵求他們的同意。[146]

c）當心與表親們的「分享和比對」。

一些遺傳社交網路提供了一種方法，可以查看與親戚搜尋器中的聯繫人共享了基因體裡的哪些部分（23andMe 稱此功能為「共享和比對」）。這很有趣，但是它有一個缺點：每個共享片段中通常都有成千上萬個基因，其中包括一些牽涉到健康意識敏感度的基因，如果你與你的聯繫人具有這些共同的片段，他們將會知道你在這些特徵上的確切遺傳組成。

你可能想要根據你對聯繫人的瞭解和信任程度來決定打開或關閉這個功能，我則是選擇永久關閉。23andMe 還提供與聯繫人共享你的健康性狀的選項；我個人認為沒有任何理由需要這樣做。

d）注意原始資料：它們是你的責任。

大多數公司都提供了下載帶有完整的、未註解的基因型列表檔案的選項，也稱為「原始」檔案。如我們所見，你可以保存這個檔案並用於公司平台之外的許多應用程式：它是基因體的可攜式版本。請留意，當你從公司網站下載原始檔案後，你有義務要保密，就像你電腦上的任何數位內容一樣。

最好將原始檔案保存在設有安全密碼保護的加密文件夾中，不加密是個冒險之舉，特別是如果你隨身攜帶隨身碟。這個檔案中包含你的 DNA 訊息。

如果讓它落入他人手中，任何其他預防措施都沒有用。

e）閱讀隱私權政策。

　　我知道逐條看完全部的政策很無聊，但你還是應該這樣做。閱讀條款之後，只將你的DNA發送給提供清晰明瞭隱私權政策的資料庫和公司。

　　當然，這些預防措施都需要付費。調高隱私音量旋鈕的次數愈多，對DNA檔案的處理就愈少，例如像我一樣隱藏你的真實姓氏會使系譜搜索變得困難。同樣地，你必須瞭解風險並選擇適合你需求的隱私級別。

　　PGP的創始人丘奇說得很對，他說將來無論如何都無法完全鎖定你的DNA。在幾年之內，讀取基因體將成為一種商品，而不僅僅是好奇的唾液受測者。所有孩子在出生時都將對他們的DNA定序，終其一生都將保留他們的遺傳檔案，就好像這是一個社會安全號碼。與醫生、護士、藥劑師、醫療保健系統、基因社交網路和生物資料庫共享我們的基因體詳細訊息，將會如同在網際網路上使用信用卡一樣正常。

　　我們的技術已經能讓數以百萬計的人管理他們的銀行帳戶，並以合理的安全性線上購物；我們將需要對DNA採取類似的方法。

結語
放輕鬆並忘掉藍圖

　　有人曾經問我從事什麼行業，我仍然記得當他們得到答案之後，若有所失的樣子。當時我還是在愛戀之城巴黎念書的年輕學生，當女孩們在聽到「分子生物學」的答案時，立即隨便找了個藉口離開，然後再也沒有回來。其中一個人在轉身離開之前喃喃地說，「我真沒想到會是這樣。」我把它當成半是恭維，好像她在說：「我無法想像你這樣的好人會是個傻瓜。」

　　在 1990 年代中期，DNA 只會吸引四眼田雞的書呆子，他們在黑暗的實驗室裡浪費了生命，這些實驗室裡還可以聞到苯酚和老鼠的氣味。我們是科學後廚房的勞動者：人們渴望獲得生物醫學研究的好處，但是沒人真正想知道它是如何完成的。儘管我的物理學和哲學學者朋友們可以用關於生命、宇宙和萬物的詳盡理論讓一群參加聚會的人開心，但是除了其他遺傳學酷客之外，沒有人願意充滿熱情地參與關於核苷酸、孟德爾豌豆和氫鍵的冗長單向

會話。我們曾經是約會殺手，我們之間的同系婚配水準令人感到恐懼。

到了世紀之交，潮流已經改變。像《侏羅紀公園》、《犯罪現場》等系列電影，有關複製羊桃莉的新聞以及基因療法的首度成功，都將雙股螺旋帶入了流行文化。我可以談論我的工作，而不會看到人們拚命尋找擺脫的話題，但是人們仍然將基因與疾病、白袍、科幻小說或刑事案件相提並論。它曾經是DNA，但並不是我們的DNA。

如今局面已經扭轉。民眾渴望瞭解和談論DNA。在會議結束後的非正式晚宴上，甚至在聚會上，我不認識的客人，各式各樣的人一聽到我的工作就向我提出一連串問題，而基因體通常會成為我們談話的主題。

消費者基因體學將大部分貢獻歸功於民眾對DNA的認知轉變為個人娛樂。遺傳社交網路使民眾參與遺傳學研究的程度，達到了包括我在內的好幾代科學作家僅在我剛起步時就夢寐以求的程度。數以百萬計的唾液受測者看著自己的DNA，並在社交媒體上談論它。各種年齡層和職業的線上社群都像在實驗室會議上一樣討論其單倍型體、SNP和基因型。名人在脫口秀節目中檢測他們的基因體，擁有數百萬追隨者的網紅都製作了有關自己的遺傳血統的影片。

談論我們的基因變成是一件很酷的事情，現在是成為DNA迷的絕佳時機。

但是每一項成功的技術都會帶來一個扭曲的現實。在圍繞遺傳學進展的大肆宣傳中，我們傾向於誇大DNA的真實本質，並且認為它比現在更重要。遺傳決定論（即我們體內的基因將決定我們的命運的觀念）已經在我們的文化中根深柢固，關於「智力」、「愛」、「數學能力」或「在此處嵌入你的能力」新基因的不實報導，只會助長這種錯誤的信念。

當我第一次打開我的DNA剖析時，我覺得自己像是一個冒犯了埃及石棺的盜墓者。我可以感受到此一發現的興奮，但是也害怕會喚醒寫在我基因中某處的古老詛咒。當你打破細胞內的微觀金庫，並與你的DNA面對面時，很難保持平衡的觀點。我們相信，關於基因體學進展的故事多到不勝枚舉，並且暴露於決定論推理的寒風中，我們相信自己的未來和選擇都嵌入了那條細微的長條，就像我們體內的馬雅占卜一樣。

但是遺傳學不是宿命，DNA也不是預言。某些性狀和疾病是由基因編程的，基因在曾經被認為只是教養問題的能力中也發揮著重要作用，例如語言、數學、抽象思維甚至行為性狀，但這並不意味著DNA總是佔上風。事實恰恰相反：我們的絕大多數性狀來自基因和環境的相互作用。

如果你認為所有性狀都像藍圖一樣已經事先寫入你的DNA中，那麼對於消費者基因體學行業而言，出售可疑的智力、天賦或特定行為的檢測會更加容易，這也許可以解釋為什麼大多數公司都讓你有基因體過分簡化和已經定型的印象。在這一領域，奧斯卡最佳決定論鬼扯獎的得主是印度DNA公司的事前醫療照護（Advanced Health Care），他們在網站上堅決地認為遺傳密碼是「神的作品」。然而，決定論的概念也重新出現在嚴謹科學家們的言談之中。

去谷歌搜尋服務找一下「基因體」，你會發現有數百個資料來源（和數位科學家們）將DNA描述為「生命的藍圖」：一種引人注目的、易於理解的類比，但是有誤。在2018年出版、由著名行為遺傳學家所撰寫的《基因藍圖》（*Blueprint*），因為書中對遺傳學的決定性觀點而飽受批評。作者引用了他很瞭解的認知能力的遺傳學來支持DNA藍圖的案例。諷刺的是，在他自己的計算中，這些性狀的遺傳率從未超過50-60%，其餘的則歸類於非遺傳因子的影響。即使在最具確定性的情況下，遺傳學和環境也會對這些性狀有相同的貢獻度，所以，這與你所謂的藍圖也不一樣。[147]

在PB（千兆位元）級資料和智慧演算法的支持下，未來的遺傳剖析將會非常強大，其廣度將令人驚訝。然而沒有任何遺傳檢測能夠完整描繪我們

的個性，更不用說預測我們的命運了，因為我們有很大的一部分並沒有寫在我們的DNA中。

我們就像一個緩慢烘烤的蛋糕：基因就是食譜，而我們周圍的世界是一台善變的烤箱，每分鐘都會改變它的溫度。科學可以透過玻璃窺視並檢查烤箱內是否有奇怪的東西，但是它無法預測我們的生活，或是經驗和運氣將在明天或後天為我們帶來什麼。我討厭劇透者，但即使在關於遺傳決定論的典型反烏托邦電影《千鈞一髮》中，文森・弗里曼（伊森・霍克飾演）也憑藉決心和自由意志克服了DNA的劣勢（劇中人物的名字和姓氏並非巧合＊）。

這部電影的標榜主張是，「人類的靈魂中沒有基因」，這是你能找到最好的反決定論的口號之一。

銀翼殺手裡消失的手機

在科幻電影《銀翼殺手》（*Blade Runner*）中，描述了複製人和太空殖民地的牽強故事。故事背景設定在2019年反烏托邦的洛杉磯，故事主人翁瑞克・戴克（Rick Deckard，哈里遜・福特飾演），停下他的飛車，在電話亭裡⋯⋯打電話！

菲利普・迪克（Philip Dick）於1968年寫下了原著故事，但奇怪的是，即使在1982年電影上映時，富有遠見的導演如雷德利・史考特（Ridley Scott）和他的編劇都認為手機不會很快成為可攜式產品。當丹尼斯・維倫紐夫（Denis Villeneuve）在2017年製作《銀翼殺手》續集時，手機已經出現在現實生活中，但是他避免提及，以便向原始版本致敬。[148]

就像銀翼殺手的手機一樣，遺傳社交網路躲過了未來學家的雷達，像外

＊ 譯注：Vincent源自拉丁語，有「勝利」之意；Freeman源自英語，代表「自信」。

星太空船一樣降落到了一個沒有任何文化參照可應對的世界。科幻小說充滿了克隆，DNA轉殖和基因改造的人類，但是即使是最大膽的作家，也未曾想像過我們會有一個以基因為主軸的社交網路。

科學家們、哲學家們和生物倫理學家們也都覺得措手不及，而關於這一現象的學術論文也很少。早在2010年，當時在新加坡國立大學工作的哲學家和設計師狄妮斯・凱拉（Denise Kera）就撰寫了一篇少數有關這個主題的學術論文〈基於DNA和生物社會介面的生物網路〉，標題似乎是從一部電馭叛客小說中直接剽竊而得，文章討論我們的基因體與諸如生命紀錄、人、機器以及新媒體之間的混合網路等概念的關係。10年後，其中許多事都已經變成了現實。[149]

多年來，我們一直對消費者基因體學的興起持著狹隘的看法，並持續看到銀翼殺手的電話亭，實際上，一個嶄新的現實正在出現。在消費者基因體學問世之初，頂尖醫學出版物《新英格蘭醫學雜誌》就刊登了一篇文章，宛如災難電影預告片般的開頭：「這可能很快就會發生。有一位也許是你認識多年的患者，他超重且不定期運動，帶著他的整份基因體分析報告，出現在你的辦公室（……）」。這篇論文繼續詳細介紹了假想的臨床病例，預測成群的過度焦慮患者會衝入醫生們的辦公室，分析報告印有他們的遺傳報告，充滿了對他們患病風險的疑問。[150] 科學家們為這一前景感到憂慮。

事情並沒有發生。

儘管遺傳技術具有巨大的醫學潛力，但是系統而非健康相關的應用程式才是大多數人購買DNA檢測套組的原因。與專家的預測相反，人們避免將DNA當作水晶球來觀察自己未來的想法。取而代之的是，他們更喜歡用它作為鏡子來查看自己的身分和祖源。

你所讀到的不僅僅是DNA、基因和技術的故事。這關乎我們以及我們如何適應世界上無處不在的遺傳學，從而影響我們的自我認知和社交方式。

這本書講述了我的個人經歷以及許多其他唾液受測者的經歷，但同時也描繪了你的未來生活，以及當郵差拿著你在網上購買的絢麗多彩的DNA檢測套組上門時，生活將會發生什麼樣的改變。因為你遲早也會有一個檢測套組。

　　這種情況發生時，請記得要放鬆一下，然後對自己重複三遍：DNA不是命運。DNA不是命運。DNA不是命運。

第五部　實用要素

購買消費者檢測套組之前你應該要問的七件事

1）我需要的是什麼？

在進行消費者檢測之前，請先確定你的目的。你會想要認識你的親戚們嗎？想知道你的血統來源？你對健康比較感興趣嗎？每個公司都有各自專長的領域。瞭解你的需求，有助於選擇最適合你的服務。

2）他們採用什麼技術？

只選擇那些用簡單的語言清楚解釋技術程序的公司。他們如何分析你的 DNA？他們使用哪種類型的定序或微陣列？不應該有無法公開的方法：透明的公司會詳細解釋他們的流程，並包括技術相關的白皮書。

3）他們有樣本的結果報告嗎？

許多公司在網站上提供樣本的結果報告。檢查他們的樣本，以確保它清晰且完整。結果應該要針對每種特徵和疾病提出詳細說明，並提供一份經過分析的變異清單以及科學論文的連結。疾病的風險報告應該要比較絕對風險（與你的基因型相對應的那一種）與相對風險（與你的年齡層和種族相對應的某人有關，與 DNA 無關的那一種）。有信譽的公司還會提供大量有用的、易於閱讀的相關遺傳學背景訊息，以幫助你瞭解你的結果。所使用的語言應簡潔明瞭，避免使用報告過少的公司。

4）實驗室是否經過品質認證？

檢查你感興趣的公司所使用的實驗室是否得到評審機構的認可。美國實驗室的常見認證，是所謂的臨床實驗室改善修正案（Clinical Laboratory Improvement Amendments, CLIA）。ISO/IEC 17025 是在知名公司中經常看到的另一個質量標準。不同國家或地區的認證可能會等於、甚至超過這兩個標準。避免使用缺乏有效認證的公司，否則將無法保證DNA分析的可靠度。

5）我可以下載我的原始DNA檔案嗎？

某些公司允許你下載包含你DNA資料的所謂「原始」檔案，以供其他網站和軟體使用。取得原始檔案的可能性是一個重要的優點，因為它可以將你的觸及範圍擴展到單一公司的封閉花園之外。有關原始檔案的詳細訊息，請參見標題為〈可攜式基因體〉的單元。

6）資料庫有多大？

在血統應用程式中，規模是需要考慮的因素：資料庫愈大，找到親戚並正確識別血統的機會就愈大。種族是另一個重要的變數：帶有歐洲血統的人們是第一波消費客群，通常在較大的資料庫中會有超過正常的比例出現。因此，根據你的家族史和你希望擴大搜索範圍的不同，你可能想嘗試一些專門研究特定系譜的小型公司（如AfricanDNA.com）。為了兩全其美，你還可以從一個網站下載DNA原始檔案，然後嘗試另一個網站，這也是許多系譜學家會做的事情。

7）他們的條款和限制是什麼？

沒有人喜歡為繁瑣的條款傷腦筋，但是說真的，請在點擊確定之前先閱讀一下。查看「隱私權」的部分，瞭解公司會對你的DNA樣本做哪些處理：他們可以與第三方共享嗎？避免使用沒有明確隱私權政策的公司：如果他們不解釋處理你訊息的方式，那麼很可能是他們無法勝任。你可以在頁面上獲得詳細的隱私權檢查表（請參考〈反監控清單〉單元）。

消費者基因體學常見問題解答

1. 消費者DNA檢測是否可靠？

要回答這個問題，需要考慮兩個因素：

①DNA讀取的技術品質

如果一家消費者公司使用經過認證的實驗室，它會像在任何醫學實驗室中一樣準確地識別DNA中的變異。重要的是要牢記，沒有一種分析的準確性是100%，且每種技術都有一定的誤差。

因此，永遠不要期望會有完美的準確性，並且在做出任何醫療決定之前，一定要根據針對那種特定疾病的檢測來確認重要結果，以及尋求遺傳學家的協助。

②資料的解釋：這些變異對我有什麼重要性？

解讀變異的重要性，並將變異與特徵和易感性加以關聯，乍看之下就會讓人混淆。大多數消費者DNA檢測的缺點來自難以解釋的訊息，而不是來自讀取基因體的技術性錯誤。同一家公司的DNA檔案可以由不同的公司以不同的方式解釋，具體取決於它們使用的統計模型和科學研究，尤其對於結果是概率性的多因子性狀更是如此。在本書中，我已經討論了DNA檢測對幾種不同性狀和疾病易感性的準確性。

2. 基因分型和定序之間有什麼區別？哪一個比較好？

撰寫本文時，兩者之間的差異主要是價格問題：定序（即讀取DNA中的所有字母）是任何應用程式的黃金標準，等同且通常優於以讀取微陣列來完成的某些SNP的基因分型（有關微陣列與定序的說明，請參見標題為〈懶人包〉的單元）。

對於系譜應用程式和親戚搜尋器，以及參與眾包研究而言，微陣列或低通定序通常就已經綽綽有餘。高覆蓋率定序花費更高，但是對於醫學應用而言卻是最好的選擇，尤其是在尋找稀有變異時，例如那些使你容易罹患某些腫瘤的變異。話雖如此，但是隨著價格下降，這些公司無論如何都會轉向定序，而微陣列將在幾年內成為歷史。請務必記住，資料的詮釋方式通常才是公司之間最關鍵的差異所在。

3. 我關心 DNA 的結果。誰能幫助我？

遺傳諮商師或臨床遺傳學家們是提供諮詢的專業人士。這些經過臨床遺傳學培訓在生物學專業的醫生，可以幫助你解決所獲得的結果，並在必要時訂購更具體的分析。大多數國家或地區都有官方的專業委員會，你可以在專業委員會找到經過認證的顧問。在本書的最後幾頁提供了列表。

4. 我懷疑我的家人有遺傳疾病。消費者檢測有用嗎？

顧名思義，消費者基因體學是針對消費者而非患者。如果你認為家人可能患有遺傳疾病，或者你正在尋求診斷，那麼應該與你的醫生或遺傳顧問聯繫，以便做仔細的檢測前和檢測後的諮詢。這是非常重要的，而且百分之百推薦。

5. 消費者基因體學公司的哪些意見是有科學根據的，哪些沒有？

如書中所詳述，某些應用程式是立足在可靠的研究之上，其他應用程式則尚未得到驗證；有些接近吹噓。以下訊息圖做了總結。

DNA國度

DNA 吹噓測量器	
• 親戚搜尋器 • 單基因疾病 • 藥物基因體學	**還好** 這些DNA檢測是有科學依據的，如果正確使用，結果是可靠的。
• 營養學 • 遠祖 • 傑出短跑 • 多因子疾病	**小心** 這些DNA檢測是根據科學資料，但是結論未經證實，且不易解釋。小心進行。
• DNA護膚 • 配對 • 性偏好 • 特質與天賦預測	**騙人伎倆** 這些DNA檢測至今未經實驗證實，我不會將時間和金錢浪費在這上面。

檢測你的寵物

只要我們人類同伴和信用卡的小小幫助，即使是毛小孩朋友也可以成為唾液受測者。有幾家公司出售特別適用於狗、貓、馬和鳥類的DNA檢測套組，以鑑定牠們的品種以及罹患各種疾病的風險。你只要用拭子在你寵物的嘴裡轉一圈後，將樣本寄送到你所中意的公司，接下來就是等待結果。

這些服務使用與人類遺傳檢測相同的技術和原理，但僅適用於其他物種的基因體。在收到你寵物的DNA檔案後，演算法會與已確認血統個體的資料庫比對，並計算出每個品種在其基因中所佔的比例。從理論上看來，確定家畜的品種要比查看人類的祖先更為精確：雖然人類沒有不同種族這樣的說法，但是動物的品種在遺傳學上卻有明顯的區分。有一家公司甚至提供了令人毛骨悚然的選項，可以從死去狗的玩具中提取DNA以確定牠的品種。至於為什麼要這樣做，那就真的是科學謎團了。

這些方法可以應用在調查雜種寵物的混雜來源，但是無法確認你剛剛購買的純種狗的血統是否純正，因為即使經過認證的「純種」個體，永遠也不會具有遺傳一致性，並且可能帶有屬於其他品種的DNA變異。

與狗相比，幾乎所有的貓都處在灰色地帶，因此更難界定為一個或多個特定的品種。儘管狗的品種之間差異很大（想像一下吉娃娃與英國獒犬的對比），貓的品種相對較少，長相差異也較少。只要你能讓你的貓咪合作並讓你拭一下牠的臉頰，那麼一些專門從事貓科動物研究的公司就可以分析牠的遺傳血統和品種組成。

許多套件還包括DNA檢測，以顯示你的狗或貓是否為引起遺傳性疾病突變的帶因者。這些檢測旨在偵測易於識別的單基因疾病，對育種者可能有用，他們可以避免用這種具有突變的雜種個體來繁殖後代。但是專家們呼籲在處理這些報告時應該謹慎行事。動物的遺傳檢測不受監管，這意味著許多

檢測並未經過科學驗證，而且主人不應根據很有可能是錯誤的遺傳結果，對自己心愛的寵物做出生死攸關的決定。[151]

　　在〈消費者基因體公司精選列表〉單元的最後一部分，提供了專門做寵物DNA檢測的公司列表。

消費者基因體公司精選列表

　　這是截至 2019 年 7 月為止，在我研究過程中遇到的龍頭 DNA 消費者公司列表。這份列表並不完整，也不應被視為我的代言或認可。請注意這個領域的發展速度很快，書面的訊息可能很快就會過時。有關更多最新的訊息，請關注我推特的個人資料 www.twitter.com/sergiopistoi，還有我的網站：www.sergiopistoi.com。

全方位合一

23andme.com

　　典型的 DNA 消費者公司。經濟實惠的套件包，重點放在社交網路和用戶提供產品的研究上。血統方法、種族調查、疾病風險、性狀、親戚配對。這個平台無須明確同意即可使用和出售匯總資料。在美國、加拿大、英國、歐洲和世界其他地區有不同版本。允許原始資料下載。

針對血統和系譜

AncestryDNA.com

　　市場上最大的系譜資料庫，擁有數百萬個 DNA 訂戶和家族樹。提供系譜學研究和家庭配對，以及社交網路功能。訂閱即表示你已經同意這個平台可以使用和出售你的匯總資料。有 10 種不同語言的本地化網站。允許下載原始資料。系譜研究和家庭配對的最佳選擇，尤其是對美國人而言。

FamilytreeDNA.com

　　他們資料庫的規模小於 Ancestry.com，但是非常詳細分析了粒線體和 Y 染色體，揭露了你遠祖的資訊，並允許你在母系和父系上做親戚配對。用戶還可以下載其原始資料並從其他服務上傳檔案。未經用戶同意,他們不會傳輸匯總資料。是透過從其他網站上傳原始資料來進行遠祖血統和擴展系譜學研究的最佳選擇。

Myheritage.com

聲稱擁有美國以外最大的資料庫。家庭配對、系譜工具。允許你下載和上傳原始資料。提供44種語言版本。還提供了單獨的健康套件。未經用戶同意不會傳輸匯總資料。美國以外的系譜和家庭配對的最佳選擇。

Africanancestry.com

擁有最大的非洲血統資料庫。未經用戶同意,不會傳輸匯總資料,但隱私權政策很少。非洲人後裔的最佳選擇。

LivingDNA.com

專注於英國血統。允許下載和上傳原始資料。未經用戶同意,不會傳輸匯總資料。英國和愛爾蘭血統使用者的最佳選擇。

對於健康和性狀的報告

Veritasgenetics.com

專門針對健康報告的消費者基因體學的最佳產品。全基因體定序可提供有關疾病風險、性狀和藥物基因體學的詳細報告。收費比平均價格貴得多,但價格包括遺傳諮詢。他們不傳輸或出售匯總資料。

Color.com

另一家提供臨床級定序的高檔公司。他們注重的不是整個基因體,而是與癌症和心臟病有關的一些基因。價格包括遺傳諮詢。不會出售匯總資料，但是會在公共研究資料庫中發布去識別化的資料（客戶可以選擇不參加）。

Dantelabs.com

全基因體和外顯子組定序。有關疾病風險、藥物基因體學、營養學和性狀的報告。不會出售匯總資料。

關於研究的參與

23andMe.com（請參見上文）

Nebula.org

全基因體定序，並提供有關性狀和疾病風險的報告。使用區塊鏈將用戶與研究人員加以聯繫。未經用戶同意，不會出售匯總資料。

DNA.land; Zenome.com; LunaDNA.com

這些網站並不提供檢測，但是提供安全上傳原始DNA資料、並使用區塊鏈技術將用戶與研究實驗室聯繫起來的方法。決定參加研究的唾液受測者將獲得免費服務或代幣獎勵。

中國地區

23mofang.com

在中國提供有關疾病風險、性狀、藥物基因體學、血統、皮膚護理、研究、營養學報告（除了名稱中的數字，與23andMe無關）的最大平台。這個平台可以出售匯總資料給第三方。缺乏隱私權保護。

僅用於上傳原始檔案

Promethease.com

LiveWello.com

Gedmatch.org

Genotation.stanford.edu

用於檢測你的寵物

Basepaws.com：貓、品種、疾病風險

Wisdompanel.com（美國）、Wisdompanel.co.uk（英國）：狗、品種、疾病風險

DNAmydog.com：狗、品種、疾病風險、已故狗

www.easydna.co.uk（英國）：狗、品種、疾病風險。

遺傳諮詢委員會與協會名單

澳大利亞與紐西蘭：Human Genetics Society of Australasia（HGSA）

http://www.hgsa.org.au

亞洲：Professional Society of Genetic Counsellors in Asia（PSGCA）

http://www.psgca.org

加拿大：Canadian Association of Genetic Counselling（CAGC）

http://www.cagc-accg.ca

中國：Chinese Board of Genetic Counselling（CBGC）http://www.cbgc.org.cn

歐洲：European Society for Human Genetics（ESHG）http://www.eshg.org

法國：Association of French Genetic Counsellors（AFCG）

http://www.appacgen.org

印度：Board of Genetic Counselling of India（BGC）

http://www.geneticcounselingboardindia.com

以色列：The Israeli Association of Genetic Counsellors（IAGC）

http://genetic-counselors.org.il

義大利：Italian Society for Human Genetics（SIGU）http://www.sigu.it

日本：Japanese Society of Genetic Counselling（JSGC）http://www.jsgc.jp；Japanese Society of Human Genetics（JSHG）http://jshg.jp/e/index_e.html；Japanese Board of Genetic Counselling（JBGC）http://plaza.umin.ac.jp/~GC/

菲律賓：University of Phillipines, Manila（UPM）http://ihg.upm.edu.ph

葡萄牙：Association of Genetic Counsellors（APPAcGen）

http://www.appacgen.org

羅馬尼亞：Romanian Association of Genetic Counselling（RAGC）

http://www.geneticcounseling.ro

沙烏地阿拉伯：Saudi Commission for Health Specialties（SCHS）
　　http://www.scfhs.org.sa

西班牙：Spanish Society of GC（SEAGEN）http://www.seagen.org

南非：South African for Human Genetics（SASHG）
　　http://www.sashg.org；http://sashg.org; HPCSA www.hpcsa.co.za

瑞典：Swedish Society of Genetic Counsellors（SSGC）http://www.sfgv.n.nu；
　　Swedish Society of Medical Genetics（SFMG）http://www.sfmg.se

臺灣：臺灣遺傳諮詢學會，Taiwan Association of Genetic Counselling（TAGC）
　　http://www.taiwangc.org.tw

荷蘭：Dutch Association of Clinical Genetics（VKGL）http://www.NVGC.info

英國：Association of Genetic Nurses and Counsellors（AGNC）
　　http://www.agnc.org.uk；Genetic Counsellor Registration Board（GCRB）
　　http://www.gcrb.org.uk

美國：National Society of Genetic Counsellors（NSGC）http://www.nsgc.org；
　　American Board of Genetic Counselling（ABGC）http://www.abgc.net

資料來源：摘自2019年《歐洲人類遺傳學雜誌》第27卷，第183-197頁，經過部分修改。

致謝

在一篇刊登在《紐約客》（*New Yorker*）上、標題為〈反對致謝〉的有趣文章裡提到：「在致謝詞時通常會先聲明，儘管寫作是一項孤獨的工作，但是在無人幫助和支持的情況下，作者永遠不可能完成他的書。」作者山姆‧薩克斯（Sam Sacks）故意站出來公然反對在完成一本書之後寫下謝詞，提醒大家這是一項集體努力的老生常談，因為每個人都已經知道了。

然而，我相信很多讀者都不知道這件事。因此，親愛的讀者，我在這裡證明《紐約客》上的這篇文章的陳述是對的（我實際上是在用這樣一個過度使用的聲明來作為我致謝部分的開場白），同時它也是錯的，因為我很確定你不會意識到有多少人參與書籍的製作。要完成這一本書，我已經尋求這麼多人（有時確實得到了）的幫助，不可能逐一致謝（哎呀！這是另一個老套的說法）。

我要說的是，我特別要感謝我的經紀人羅瑞拉‧蓓莉（Lorella Belli）和克里斯多福‧拉塞爾斯（Christopher Lascelles）對這個計畫有信心，並且讓它實現，也感謝他們的創意的參與。他們的熱情和奉獻精神超出了我的期望，我衷心希望本書大賣，他們能賺到很多錢，這是他們絕對值得的。我還要感謝精心編輯手稿的伊甸‧格拉斯曼（Eden Glasman）和關鍵出版社（Crux Publishing）的所有團隊。

謹以本書獻給我的家人、所有相信科學並支持科學的人們，以及讓我思考、歡笑，流淚和有夢想的人，他們的重要性並沒有排列順序上的差別。

參考文獻與作者註

1. Regalado, Antonio. "More than 26 Million People Have Taken an at-Home Ancestry Test." *MIT Technology Review*, 21 February 2019, https://www.technologyreview.com/s/612880/more-than-26-million-people-have-taken-an-at-homeancestry-test

2. https://assets.kpmg/content/dam/kpmg/xx/pdf/2018/08/direct-to-consumer-genetic-testing.pdf

3. 反轉錄病毒是 DNA 規則裡的例外，它們是以一條類似於 DNA 結構的單股核酸——RNA 來儲存遺傳訊息。也因此，病毒在感染寄主時，需要先將訊息轉換為 DNA。

4. 有一個解碼第一次人類基因體競賽的有趣說法可以在下面書中找到：Shreeve, J. (2005). *The genome war:How Craig Venter tried to capture the code of life and save the world*. New York: Ballantine Books.

5. http://www.ensembl.org/index.html

6. https://www.ncbi.nlm.nih.gov/snp/

7. Lupski, J. R. "Structural variation mutagenesis of the human genome: Impact on disease and evolution." *Environmental and Molecular Mutagenesis* 56, 419–436 (2015). Understanding Copy Number Variation, UCD Medicine（影片）https://www.youtube.com/watch?v=xu7EZtyq3A8

8. Henn, B. M. et al. "Cryptic Distant Relatives Are Common in Both Isolated and Cosmopolitan Genetic Samples." *PLoS* ONE 7, e34267 (2012). https://doi.org/10.1371/journal.pone.0034267

9. 資料來源：Anne Wojcicki at TedMed 2009 https://www.youtube.com/watch?v=4g5pXnhIEjA

10. Nelson, Alondra. *The Social Life of DNA: Race, Reparations and Reconciliation after the Genome*. Boston: Beacon Press, 2016.

11. 如果仔細算一下，任意順序的四個（一對來自母親，一對來自父親）染色體組合，只會產生 10 種不同的可能性。經由改組現有的卡片，這個過程可以確保我們傳遞給孩子的染色體不會與我們從父母那裡獲得的染色體相同。甚至我的兄弟和我也不會共享任意一條染色體：儘管獲得了相同的 DNA，但我們是兩次截然不同互換的結果。

12. Sample, Ian. "Teenager Finds Sperm Donor Dad on Internet." *The Guardian*, 3

November 2005, https://www.theguardian.com/science/2005/nov/03/genetics.news. Harper, J. C., Kennett, D. & Reisel, D. "The end of donor anonymity: how genetic testing is likely to drive anonymous gamete donation out of business." *Human Reproduction* 31, 1135–1140 (2016).

13. 有關錯配親子關係（實際上稱為非親子關係事件或 NPE）的統計資料，可在下列網址找到，並附有參考書目。https://isogg.org/wiki/Non-parent_event 2019 年 6 月 14 日檢索。

14. Teitell, Beth. "First Came the Home DNA Kits. Now Come the Support Groups."*The Boston Globe*, 24 February 2019, https://www.bostonglobe.com/metro/2019/02/24/ firstcame-home-dna-kits-now-come-support-groups 聖克萊兒的支持團體可在以下網址找到：https://www.npefellowship.org. 2019 年 6 月 14 日檢索。

15. Git, Aliah. "Family Discovers Fertility Fraud 20 Years Later: 'It Almost Seems Surreal.'" *CBS News*, CBS Interactive, 14 January 2014, https://www.cbsnews.com/ news/fertility-frauddiscovered-20-years-later-it-almost-seems-surreal/ Moore, CeCe. "Artificial Insemination Nightmare Revealed by DNA Test." *Your Genetic Genealogist*, 7 January 2014, http://www.yourgeneticgenealogist. com/2014/01/artificial-insemination.html

16. "Today in Apple History: With VisiCalc, the Apple II Gets Its 'Killer App'." *Cult of Mac*, 2 January 2019, https://www.cultofmac.com/460680/apple-ii-killer-app-visicalc/ Steve Jobs talks about Visicalc（影片）https://www.youtube.com/ watch?v=IU96Pd_npn4

17. Phillips, A. M. "Only a click away — DTC genetics for ancestry, health, love…and more: A view of the business and regulatory landscape." *Applied & Translational Genomics* 8, 16–22 (2016). https://www.ncbi.nlm.nih.gov/pmc/articles/PMC4796702/

18. 《休閒市場研究手冊》（*The Leisure Market Research Book*）是美國娛樂界的聖經，涵蓋了從賞鳥到賭場和假日的 300 個單元，並將基因社交網路列為自 2010 年以來的新興應用。
Fleming, Patrick. "Human Traces: How Digitising Newspapers Is Transforming ..." *The British Library*, 2013, https://www.ifla.org/files/assets/newspapers/ Singapore_2013_papers/day_1_05_2013_ifla_satellite_fleming_patrick_human_ traces_how_digitising_newspapers_is_transforming_family_history_slides.pdf

Rodriguez, Gregory. "How Genealogy Became Almost as Popular as Porn." *Time*, 30 May 2014, https://www.time.com/133811/how-genealogy-became-almost-as-popular-as-porn/

"Investigating the Genealogy Services Market", ICT Support Program (2015), https://pro.europeana.eu/files/Europeana_Professional/Projects/Project_list/Europeana_Awareness/Documents/eAwareness%20Genealogy%20Services%20Market.pdf

19. "Genomics and Precision Health." *Centers for Disease Control and Prevention*, 12 June 2018, https://blogs.cdc.gov/genomics/2018/06/12/consumer-genetic-testing/.

Hogarth, S. & Saukko, P. "A market in the making: the past, present and future of direct-to-consumer genomics." *New Genetics and Society* 36, 197–208 (2017). https://doi.org/10.1080/14636778.2017.1354692

"Health Not Primary Motivation for DTC Genetic Tests, Open Genetic Data Sharing." *GenomeWeb*, 10 May 2017, www.genomeweb.com/genetic-research/health-not-primarymotivation-dtc-genetic-tests-open-genetic-data-sharing

20. 1930 年代，在如今位於以色列的卡夫澤的一個洞穴中發現了可追溯到 8 ～ 12 萬年前的現代人類遺骸：有人提出一種假設，認為他們是最早離開非洲的群體之一。

Carto, S. L., Weaver, A. J., Hetherington, R., Lam, Y. & Wiebe, E. C. "Out of Africa and into an ice age: on the role of global climate change in the late Pleistocene migration of early modern humans out of Africa." *Journal of Human Evolution* 56, 139–151 (2009). 10.1016/j.jhevol.2008.09.004

21. Dawkins, R. (1995). *River Out of Eden: A Darwinian View of Life*. New York: Basic Books. ISBN 0-465-01606-5

22. Cann, R. L. Y. "Weigh In Again on Modern Humans." *Science* 341, 465–467 (2013). DOI: 10.1126/science.1242899

23. 我們不能排除以下的想法：研究世界上偏遠地區的人類族群，科學家們或許可以發現母系和父系的演變過程與我們所知道的結果不謀而合，突顯了還有其他的亞當和夏娃遺傳的存在。

24. 從兩個克羅馬儂人骨架（克羅馬儂人是最早抵達歐洲的智人之一）裡萃取到帶有母系單倍系群 N，這個單倍系群至今在歐洲族群中仍普遍存在。

25. Wade, Nicholas. "If Irish Claim Nobility, Science May Approve." *The New York Times*, 18 January 2006, https://www.nytimes.com/2006/01/18/science/if-irish-

claimnobilityscience-may-approve.html

26. Sankararaman, S. et al. "The genomic landscape of Neanderthal ancestry in present-day humans." *Nature* 507, 354–357 (2014). doi: 10.1038/nature12961. Caramelli, D. et al. "Evidence for a genetic discontinuity between Neanderthals and 24,000-year-old anatomically modern Europeans." *Proceedings of the National Academy of Sciences* 100, 6593–6597 (2003). https://doi.org/10.1073/pnas.1130343100
Green, R. E. et al. "A Draft Sequence of the Neanderthal Genome." *Science* 328, 710–722 (2010).
DOI: 10.1126/science.1188021

27. Boodman, Eric. "White Nationalists Flock to Genetic Ancestry Tests. Some Don't like the Result." *STAT*. 18 August 2017. https://www.statnews.com/2017/08/16/white-nationalists-genetic-ancestry-test/

28. 23andMe ancestry composition guide: https://www.23andme.com/ancestry-composition-guide-pre-v5/. 2019 年 1 月 15 日檢索。

29. http://www.guidobarbujani.it/index.php/5-take-the-race-test 2019 年 8 月 9 日檢索。

30. 就像生物學中的許多事物一樣，「亞種」（subspecies）和「品系」（race）之間的界限是模糊的。許多專家認為它們是同義詞，僅將「品系」一詞使用於家畜中人工創造的品種。

31. 科學家們對於尼安德塔人究竟是智人的亞種（*Homo sapiens neanderthalensis*）還是獨立的物種（*Homo neanderthalensis*），仍未能取得共識。Callaway, E. "Siberia's ancient ghost clan starts to surrender its secrets." *Nature* 566, 444–446 (2019). https://www.nature.com/articles/d41586-019-00672-2

32. Levinson, Paul. *The Silk Code*. Tom Doherty Associates, 1999. ISBN: 0-312-86823-5
Darnton, John. *Neanderthal*. St. Martins Paperbacks, 1997. ISBN: 0-312-96300-9

33. Marks, Jonathan M. *What It Means to Be 98% Chimpanzee: Apes, People, and Their Genes*. Univ. of California Press, 2005.

34. Jessica Alba DNA test (影片) https://youtu.be/sZNAqwrm9hY
Snoop Dogg takes his DNA test (影片) https://www.youtube.com/watch?v=Exz0yNdvksg
"Judge Hatchett Finds out about Her Hebrew Roots On the Air" (影片) https://www.youtube.com/watch?v=-5FcbAv9wXo
"African American Lives." *THIRTEEN*, http://www.thirteen.org/wnet/aalives/2006/

DNA 國度

profiles.html

Lang, Leslie. "Oprah Winfrey's Surprising DNA Test." *Ancestry.com Blog*, 27 May 2014, https://blogs.ancestry.com/cm/the-surprising-facts-oprah-winfrey-learned-about-her-dna.

Wilkinson, Peter. "DNA Tests Reveal Prince William's Indian Ancestry." *CNN*, 14 June 2013, http://www. edition.cnn.com/2013/06/14/world/europe/britain-prince-william-india/index.html

（威廉王子沒有參加檢測，但一家基因公司從他母親黛安娜王妃的表親那裡取得的 DNA 資料加以三角剖分，並推斷出他有印度血統。）

35. http://www.stat.yale.edu/~jtc5/papers/CommonAncestors/AAP_99_CommonAncestors_paper.pdf

Ralph, P., & Coop, G. (2013). "The Geography of Recent Genetic Ancestry across Europe." *PLoS Biology*, 11(5), e1001555. https://doi.org/10.1371/journal.pbio.1001555 作者群並發布了有用的 FAQ 列表，供公眾使用：https://gcbias.org/european-genealogy-faq/ 2019 年 9 月 8 日檢索。

36. Nelson, Alondra. *The Social Life of DNA: Race, Reparations and Reconciliation after the Genome*. Beacon Press, 2016.

37. Panofsky, A. & Donovan, J. *Genetic Ancestry Testing among White Nationalists*. (2017). doi:10.31235/osf.io/7f9bc https://doi.org/10.31235/osf.io/7f9bc

"White Nationalists Flock to Genetic Ancestry Tests. Some Don't like the Result." *STAT*, 18 August 2017, www.statnews.com/2017/08/16/white-nationalists-genetic-ancestry-test/

38. Padawer, Ruth. "Sigrid Johnson Was Black. A DNA Test Said She Wasn't." *The New York Times*, 19 November 2018, www.nytimes.com/2018/11/19/magazine/dna-test-black-family.html

39. Yiaueki, Sequoya. "I Was Raised as a Native American. Then a DNA Test Rocked My Identity." *The Guardian*, 15 November 2018, www.theguardian.com/commentisfree/2018/nov/15/raised-native-american-dna-test-father-lied-heritage

40. Holger, Dieter. "DNA testing for ancestry is more detailed for white people. Here's why, and how it's changing." *PCWorld,* 4 December 2018, www.pcworld.com/article/3323366/dnatesting-for-ancestry-white-people.html

41. Devlin, Hannah. "Senior Doctors Call for Crackdown on Home Genetic Testing

Kits." *The Guardian*, 21 July 2019, www.theguardian.com/science/2019/jul/21/
senior-doctorscall-for-crackdown-on-home-genetic-testing-kits

42. DNA 的每個字母都可以用兩位元（bit）儲存，例如：A 是（00），G 是（01），
C 是（10），T 是（11）。人類 DNA 中的 60 億個字母相當於 120 億個位元，即
15 億個位元組（byte，1 位元組等於 8 個位元）或 1.5 GB。

43. https://www.genome.gov/27541954/dna-sequencing-costs-data/

44. 如果你同時擁有 a 和 b 兩個等位因子，你就是 AB 血型。如果你有 a 或 b 等位
因子的兩個副本（或 a＋0 和 b＋0），那麼你的血型將分別為 A 或 B。如果你有
兩個等位因子 0 的副本，那麼你並不具有抗原（所以是 O 型）。

45. IrisPlex 系統和相關的科學參考資料均可在以下網址取得：https://hirisplex.
erasmusmc.nl 2019 年 9 月 9 日檢索。

White, D. & Rabago-Smith, M. Genotype–phenotype associations and human eye
color. *Journal of Human Genetics* 56, 5–7 (2010). doi:10.1038/jhg.2010.126

46. "How Much of Human Height Is Genetic and How Much Is Due to Nutrition?"
Scientific American, 11 December 2006, www.scientificamerican.com/article/how-
much-of-humanheight/

Silventoinen, K. "Determinants of variation in adult body height." *Journal of
Biosocial Science* 35, 263–285 (2003). DOI: 10.1017/S0021932003002633

Jelenkovic, A. et al. "Genetic and environmental influences on height from infancy to
early adulthood: An individual-based pooled analysis of 45 twin cohorts." *Scientific
Reports* 6 (2016).

"A century of trends in adult human height." *eLife* 5 (2016). DOI: 10.7554/
eLife.13410 https://elifesciences.org/articles/13410

47. Pirastu, N. et al. "GWAS for male-pattern baldness identifies 71 susceptibility loci
explaining 38% of the risk". *Nature Communications* 8 (2017). doi: 10.1038/s41467-
017-01490-8.

Hagenaars, S. P. et al. "Genetic prediction of male pattern baldness." *PLOS Genetics*
13, e1006594 (2017). DOI: 10.1371/journal.pgen.1006594

Liu, F. et al. "Prediction of male-pattern baldness from genotypes." *European
Journal of Human Genetics* 24, 895–902(2015). DOI: 10.1038/ejhg.2015.220

48. Phillips, A. M. "Only a click away — DTC genetics for ancestry, health, love⋯and
more: A view of the business and regulatory landscape." *Applied & Translational*

Genomics 8, 16–22 (2016). DOI: 10.1016/j.atg.2016.01.001

49. "Largest Ever Genome-Wide Study Strengthens Genetic Link to Obesity." *Broad Institute*, 24 June 2016, http://www.broadinstitute.org/news/largest-ever-genome-wide-studystrengthens-genetic-link-obesity

50. http://www.food4me.org/ 2019 年 9 月 8 日檢索。

51. Camp, K. M. & Trujillo, E. "Position of the Academy of Nutrition and Dietetics: Nutritional Genomics." *Journal of the Academy of Nutrition and Dietetics* 114, 299–312 (2014).
    Pistoi, Sergio. "Digging into the DNA for a Successful Diet." *Youris*, 25 February 2016, https://www.youris.com/Bioeconomy/Food/Digging-Into-The-DNA-For-ASuccessful-Diet.kl

52. Ng MC, Bowden DW. "Is genetic testing of value in predicting and treating obesity?" *N C Med J.* 74 (6): 530–533 (2013). https://www.ncbi.nlm.nih.gov/pmc/articles/PMC4073883/

53. PTC 的研究說明可以參考：Wooding, Stephen. "Phenylthiocarbamide: A 75-Year Adventure in Genetics and Natural Selection." *Genetics*, 1 April 2006, https://www.genetics.org/content/172/4/2015

54. Carrai, M. et al. "Association between taste receptor (TAS) genes and the perception of wine characteristics." *Scientific Reports* 7 (2017). DOI: 10.1038/s41598-017-08946-3
    https://www.ncbi.nlm.nih.gov/pmc/articles/PMC5569080/

55. O'Donnell, Ben. "Is Wine Expertise Genetic?" *Wine Spectator*, 23 April 2012, https://www.winespectator.com/articles/is-wine-expertise-genetic-46685.
    Steiman, Harvey. "A Difference in Taste." *Wine Spectator*, 23 April 2012 https://www.winespectator.com/articles/adifference-in-taste-46676. 斯坦曼在評論中還指出，「超級侍酒師」應該稱為「超級美食家」更正確。

56. Garcia-Bailo, B., Toguri, C., Eny, K. M. & El-Sohemy, A. "Genetic Variation in Taste and Its Influence on Food Selection." *OMICS: A Journal of Integrative Biology* 13, 69–80 (2009). DOI: 10.1089/omi.2008.0031

57. https://vimeo.com/105326978;
    https://www.geneu.com（2019 年該網站已不再運行。）

58. Shekar, S. N., Luciano, M., Duffy, D. L. & Martin, N. G. "Genetic and Environmental

Influences on Skin Pattern Deterioration." *Journal of Investigative Dermatology* 125, 1119–1129 (2005). https://doi.org/10.1111/j.0022-202X.2005.23961.x

59. Brown, Kristen V. "I Tried a DNA-Optimized Skincare Routine-and I Was Allergic to It." *Gizmodo*, 14 May 2018, https://gizmodo.com/i-tried-a-dna-optimised-skin-careroutine-and-i-was-all-1825684947

60. 萊納斯‧鮑林研究所的微量營養素訊息中心，可提供有關維生素、礦物質和其他飲食因素作用的準確科學訊息，是一個有用的訊息來源：https://lpi.oregonstate.edu/mic

61. Orig3N 網站：www.orig3n.com. 2019 年 3 月 4 日檢索。

62. http://www.mapmygene.com. 2019 年 3 月 4 日檢索。

63. Standaert, Michael. "In China, Some Parents Seek an Edge with Genetic Testing for Tots." *MIT Technology Review*, 19 February 2019, https://www.technologyreview.com/daily/2019-02-19/.

64. Papadimitriou, I. D. et al. "ACTN3 R577X and ACE I/D gene variants influence performance in elite sprinters: a multi-cohort study." *BMC Genomics* 17 (2016). DOI 10.1186/s12864-016-2462-3

65. Pickering, C. & Kiely, J. "ACTN3: More than Just a Gene for Speed." *Frontiers in Physiology* 8 (2017). https://doi.org/10.3389/fphys.2017.01080
MacArthur, Daniel. "The Gene for Jamaican Sprinting Success? No, Not Really." *Wired*, 10 April 2008, https://www.wired.com/2008/10/the-gene-for-jamaican-sprinting-success-no-not-really/
Ramsey, Lydia. "A Single 'Super' Mutation Could Play an Important Part in How Fast You Run." *Business Insider*, 5 August 2016, https://www.businessinsider.com/the-super-sprinter-sport-genetic-mutation-2016-8?IR=T

66. Davis, O. S. P. et al. "The correlation between reading and mathematics ability at age twelve has a substantial genetic component." *Nature Communications* 5 (2014). DOI: 10.1038/ncomms5204

67. Warmflash, D. "Complex Equation: How Important Are Genetics in Determining Math Skills?" *Genetic Literacy Project*, 30 November 2016, https://geneticliteracyproject.org/2016/11/30/complex-equation-important-geneticsdetermining-math-skills/

68. Stoll, Katie. "DTC: Direct to Children?" *The DNA Exchange*, 10 May 2018, https://thednaexchange.com/2018/05/10/dtc-direct-to-children/

69. American Academy of Paediatrics. "Ethical and Policy Issues in Genetic Testing and Screening of Children." *PAEDIATRICS* 131, 620–622 (2013).https://paediatrics.aappublications.org/content/pediatrics/131/3/620.full.pdf
美國醫學會的《兒童基因檢測的醫學倫理守則》https://www.ama-assn.org/delivering-care/ethics/genetic-testing-children. 2019 年 9 月 8 日檢索。
The British Society for Human Genetics. "Report on the Genetic Testing of Children" (2010) https://www.southampton.ac.uk/.../report%20on%20genetic%20...
European Society of Human Genetics. "Guidelines for diagnostic next-generation sequencing". *European Journal of Human Genetics* 24, 2–5 (2015). https://www.eshg.org/fileadmin/www.eshg.org/documents/EGT/EGT-NGS-EJHG2015226a.pdf

70. Xiao, Eva. "The Wild West of China's Consumer Genetic Testing Industry." *TechNode*, 24 July 2018, https://technode.com/2016/07/08/wild-west-chinas-consumer-genetic-testing-industry/

71. 關於腋窩實驗的一些關鍵科學文章：
"1.MHC-dependent mate preferences in humans." Proceedings of the Royal Society of London. Series B: *Biological Sciences* 260, 245–249 (1995).
James S. Ruff, et al. in *Self and Nonself. Advances in Experimental Medicine and Biology* (Springer US, 2012), pp.290–313. DOI:10.1007/978-1-4614-1680-7.

72. Molteni, Megan. "With This DNA Dating App, You Swab, Then Swipe For Love." *Wired*, 28 February 2018, https://www.wired.com/story/with-this-dna-dating-app-you-swab-then-swipe-for-love/

73. Hamer, D., Hu, S., Magnuson, V., Hu, N. & Pattatucci, A. "A linkage between DNA markers on the X chromosome and male sexual orientation." *Science* 261, 321–327 (1993). https://science.sciencemag.org/content/261/5119/321

74. 關於「同性戀基因」神話的有趣發現，可以參考：O'Riordan, K. "The Life of the Gay Gene: From Hypothetical Genetic Marker to Social Reality." *Journal of Sex Research* 49, 362–368 (2012).

75. Nuffield Council on Bioethics. "*Genetics and Behaviour – Review of the evidence: sexual orientation*" (2014) http://nuffieldbioethics.org/wp-content/uploads/2014/07/Geneticsand-behaviour-Chapter-10-Review-of-the-evidence-sexualorientation.pdf
Kendler, K. S., Thornton, L. M., Gilman, S. E. & Kessler, R. C. Sexual Orientation in a U.S. National Sample of Twin and Nontwin Sibling Pairs. *American Journal of*

Psychiatry 157, 1843–1846 (2000).

76. Duffy, Jonathan. "Britain's Secret Sex Survey." *BBC News*, 30 September 2005, http://news.bbc.co.uk/2/hi/uk_news/magazine/4293978.stm

    "100 Film Italiani Da Salvare." *Wikipedia*, https://en.wikipedia.org/wiki/100_film_italiani_da_salvare

77. Anderson-Minshall, Diane. "Can Your Genes Explain Sexual Orientation?" *Advocate.com*, 30 October 2012, https://www.advocate.com/print-issue/current-issue/2012/10/30/can-yourgenes-explain-sexual-orientation?pg=1#article-content

78. Empinado, Hyacint. "A New Study Offers a Glimpse into the Genetics of Same-Sex Attraction." *STAT*, 24 October 2018, https://www.statnews.com/2018/10/24/genetics-same-sex-attraction/

    Ganna, A., et al "Large-scale GWAS reveals insights into the genetic architecture of same-sex sexual behavior." *Science*, 365, 6456 (2019) https://doi.org/10.1126/scien:ce.aat7693 (研究小組還有一個網站，提供公眾有用的訊息：https://geneticsexbehavior.info)

    Price, M. "Giant study links DNA variants to same-sex behavior." *Science* (2018). DOI:10.1126/science.aav7875 https://www.sciencemag.org/news/2018/10/giant-study-links-dna-variants-same-sex-behavior

79. 23andMe 的使用者平均要回答超過 300 個問題。資料來源：Check Hayden, E. "The rise and fall and rise again of 23andMe." *Nature* 550, 174–177 (2017). https://www.nature.com/news/the-rise-and-fall-and-rise-again-of-23andme-1.22801

80. Sidransky, E. et al. "Multicenter Analysis of Glucocerebrosidase Mutations in Parkinson's Disease." *New England Journal of Medicine* 361, 1651–1661 (2009). Anne Wojcicki at TED 2009. 23andMe 的作品並未在同儕審查的期刊上發表。https://www.youtube.com/watch?v=4g5pXnhIEjA

81. Eriksson, N. et al. "Web-Based, Participant-Driven Studies Yield Novel Genetic Associations for Common Traits." *PLoS Genetics* 6, e1000993 (2010).

82. 23andMe 會在 https://www.23andme.com/publications/for-scientists/ 上不斷更新他們所發表研究論文的列表。2019 年 9 月 8 日檢索。

    另一個來源是 Pubmed，這是可以公開搜尋的生物醫學出版品資料庫，你可以使用公司名稱或任何其他條件檢索。

83. Brownlee, Shannon. "What Are Genomic Testing Firms like 23AndMe Really

after?" *Mother Jones*, 1 November 2009, https://www.motherjones.com/environment/2009/11/googles-guinea-pigs/

Hernandez, Daniela. "Ancestry.com Is Quietly Transforming Itself into a Medical Research Juggernaut." *Splinter*, 4 March 2015, https://splinternews.com/ancestry-com-is-quietlytransforming-itself-into-a-medi-1793846838

84. *The Michael J. Fox Foundation for Parkinson's Research* https://www.michaeljfox.org/publication/michael-j-fox-foundationand-23andme-announce-collaboration-capture-parkinsons ; https://foxinsight.michaeljfox.org/ . 2019 年 6 月 14 日檢索。Patientslikeme.com https://www.patientslikeme.com/research/digitalme. 2019 年 8 月 4 日檢索。

85. 23andMe 的政策是：「無論同意狀態為何，我們都可能會將你的資料含括在我們向第三方研究合作夥伴披露的匯總資料中，這些第三方研究合作夥伴不會將此訊息發布在科學期刊上。」https://customercare.23andme.com/hc/en-us/articles/202907870-Will-the-information-I-provide-be-shared-with-thirdparties-.2019 年 9 月 4 日檢索。

86. Gibson, G., & Copenhaver, G. P. (2010). "Consent and Internet-Enabled Human Genomics." *PLoS Genetics*, 6(6), e1000965. https://doi.org/10.1371/journal.pgen.1000965

87. Evans, J. P. (2008). "Recreational genomics; what's in it for you?" *Genetics in Medicine*, 10(10), 709–710. https://doi.org/10.1097/gim.0b013e3181859959

88. 我在下列網址整理了 Youtube 上的吐口水影片播放列表：https://www.youtube.com/playlist?list=PLy7Sc6ZE4HMbUIBhFjrDeGH_l0iysh7RK

89. "Momondo: the DNA Journey" (影片): https://youtu.be/tyaEQEmt5ls
"The Symphony Of Extremes" (影片): https://youtu.be/9E32mOd2-Jk
https://www.23andmeforums.com. 2019 年 6 月 20 日檢索。

90. 單基因疾病也被稱為「孟德爾病」，因為它們的遺傳方式遵循了孟德爾（1822-1844）發現的經典遺傳學規則。孟德爾式遺傳可以是顯性的，也可以是隱性的：顯性形式僅需要一個突變的等位因子即可顯示其症狀，並直接從受影響的父母傳承給孩子。只有在兩個等位因子都突變時，隱性形式才顯示症狀。患有隱性疾病的兒童只有在父母雙方都是健康攜帶者的兩個突變等位因子時才受到影響。隱性 X 染色體性聯是 X 染色體上突變的一種特殊情況：只有一個 X 染色體的雄性受到影響，而只有兩個 X 染色體的雌性通常是健康的攜帶者。杜興氏肌肉失養症、血友病和色盲是隱性 X 染色體性聯疾病的例子。

91. Pinker, Steven. "My Genome, My Self." *The New York Times*, 7 January 2009, https://www.nytimes.com/2009/01/11/magazine/11Genome-t.html

92. 查爾斯・薩賓話語的來源是：https://www.facebook.com/watch/?v=10156224757797719; https://youtu.be/e7Ub8DcJxyg. 2019 年 9 月 8 日檢索。

93. Lazarou, J., Pomeranz, B. H., & Corey, P. N. (1998). "Incidence of Adverse Drug Reactions in Hospitalized Patients." *JAMA* 279(15), 1200. https://doi.org/10.1001/jama.279.15.1200

94. Sultana, J., Cutroneo, P., & Trifiro, G. (2013). "Clinical and economic burden of adverse drug reactions." *Journal of Pharmacology and Pharmacotherapeutics* 4(5), 73. https://doi.org/10.4103/0976-500x.120957
"Exploring the Costs of Unsafe Care in the NHS." *Frontier Economics Ltd, London*, October 2014, https://www.frontier-economics.com/media/2459/exploring-the-costs-ofunsafe-care-in-the-nhs-frontier-report-2-2-2-2.pdf
"Strength in unity: The promise of global standards in healthcare". McKinsey&Company (2012) https://www.gs1.org/docs/healthcare/McKinsey_Healthcare_Report_Strength_in_Unity.pdf

95. "Precision Medicine and Molecular Diagnostics." *Admera Health*, https://www.admerahealth.com/ https://www.admerahealth.com/ 2019 年 4 月 17 日檢索。

96. https://www.accessdata.fda.gov/drugsatfda_docs/label/2010/020839s048lbl.pdf. 2019 年 4 月 17 日檢索。

97. e FDA 公布了標籤上有藥物基因體生物標記的已批准藥物更新列表。https://www.fda.gov/drugs/scienceresearch/ucm572698.htm. 2019 年 4 月 17 日檢索。

98. Sagonowsky, Eric. "The Decade's Top 10 Patent Losses, Worth a Whopping $915B in Lifetime Sales." *FiercePharma*, 17 August 2017, https://www.fiercepharma.com/pharma/decade-s-top-10-patent-losses-featuring-seismic-sales-shifts.

99. Manzoor, Dr Sohail. "We Have Reached Peak Pharma. There's Nowhere to Go But Down." *Undark*, 1 February 2018, https://undark.org/article/peak-pharma-drug-discovery/

100. Stott, Kelvin. "Pharma's Broken Business Model: An Industry on the Brink of Terminal Decline." *Endpoints News*, 28 November 2017, https://endpts.com/

pharmas-brokenbusiness-model-an-industry-on-the-brink-of-terminaldecline/

101. Lowe, Derek. "Precision Medicine Real Soon Now." *In the Pipeline*, 31 January 2019, https://blogs.sciencemag.org/pipeline/archives/2019/01/31/precision-medicine-real-soon-now

Joyner, M. J., & Paneth, N. (2019). "Promises, promises, and precision medicine." *Journal of Clinical Investigation*, 129(3), 946–948. https://doi.org/10.1172/jci126119

102. https://genesight.com/2019 年 4 月 17 日檢索。

Greden, J. F., Parikh, et al. (2019). "Impact of pharmacogenomics on clinical outcomes in major depressive disorder in the GUIDED trial: A large, patient- and rater-blinded, randomized, controlled study." *Journal of Psychiatric Research*, 111, 59–67. https://doi.org/10.1016/j.jpsychires.2019.01.003

https://www.fda.gov/MedicalDevices/Safety/AlertsandNotices/ucm624725.htm 2019 年 4 月 17 日檢索。

English, Shane. "More Harm than Good?" *McGraw Center for Business Journalism*, http://www.mcgrawcenter.org/stories/more-harm-than-good-necir/

James, Susan Donaldson. "New Psychiatric DNA Testing Is Unproven Ground." *NBCNews.com*, 26 June 2017, https://www.nbcnews.com/better/wellness/new-psychiatric-dna-testing-unproven-ground-n437781

103. 表觀遺傳學還解釋了一種稱為烙印的現象，即如果特徵是從母親而不是父親那裡繼承的，特徵就會變得明顯，反之亦然。例如，只有在缺陷染色體來自母親時，才會出現安格曼氏綜合症，這是一種罕見的遺傳病，因為 15 號染色體少了一部分而引起。相同的缺陷，但發生在父系染色體上，很奇怪地會引發另一種疾病：普威二氏症候群。研究人員發現，發生這種情況是因為 15 號染色體的母體和父體版本以不同的方式印記。

104. https://ubiome.com 2019 年 6 月 11 日檢索。

https://www.viome.com 2019 年 6 月 11 日檢索。

Shieber, Jonathan. "As Researchers Pursue Links between Bacteria and Human Health, Startups Stand to Benefit." *TechCrunch*, 17 April 2019, https://techcrunch.com/2019/04/17/as-researchers-pursue-links-between-themicrobiome-and-human-health-startups-reap-the-rewards/

105. Lee, Dami. "Google Hires a Health Care CEO to Organize Its Fragmented Health Initiatives." *The Verge*, 9 November 2018, https://www.theverge.

com/2018/11/9/18079420/google-health-care-strategy-fit-home-nest-deepmind-verilyceo-geisinger

106. Branswell, Helen. "As Towns Lose Their Newspapers, Disease Detectives Are Left to Fly Blind." *STAT*, 21 March 2018, https://www.statnews.com/2018/03/20/news-deserts-infectious-disease/

Simonsen, L., Gog, J. R., Olson, D., & Viboud, C. (2016). "Infectious Disease Surveillance in the Big Data Era: Towards Faster and Locally Relevant Systems." *Journal of Infectious Diseases*, 214 (suppl. 4), S380–S385. https://doi.org/10.1093/infdis/jiw376

107. Kolata, Gina. "'Devious Defecator' Case Tests Genetics Law." *The New York Times*, 29 May 2015, https://www.nytimes.com/2015/06/02/health/devious-defecator-case-testsgenetics-law.html

"First Prosecution under US Genetic Information Nondiscrimination Act." *PHG Foundation*, 26 June 2015 http://www.phgfoundation.org/news/first-prosecution-underus-genetic-information-nondiscrimination-act

108. GINA 廣義地定義了遺傳訊息，包括：「家庭病史、家庭成員的明顯疾病以及有關個人和家庭成員的基因檢測資訊」。

109. https://www.genome.gov/27568492/the-genetic-informationnondiscrimination-act-of-2008/. 2019 年 4 月 19 日檢索。

110. 撰寫本文之際，美國國會正在討論一個編號不吉利（H.R. 1313）、有爭議性的法案。如果這個法案獲得通過，拒絕透露遺傳訊息給健保計畫的員工，有可能需要支付更高的保險費。

Begley, Sharon. "House GOP Would Let Employers Demand Workers' Genetic Test Results." *STAT*, 3 October 2017, https://www.statnews.com/2017/03/10/workplace-wellness-genetic-testing/

111. Shabani, M., & Borry, P. (2017). "Rules for processing genetic data for research purposes in view of the new EU General Data Protection Regulation." *European Journal of Human Genetics*, 26(2), 149–156. https://doi.org/10.1038/s41431-017-0045-7

http://www.privacy-regulation.eu/en/article-9-processing-ofspecial-categories-of-personal-data-GDPR.htm. 2019 年 9 月 8 日檢索。

112. 不同國家的法律架構調查可以參考：https://www.soa.org/globalassets/assets/files/e-business/pd/events/2018/asia-pacific-symposium/asiapacific-symposium-

session-4a.pdf

"The Genetic Non-Discrimination Act- An Overview." *Canadian Civil Liberties Association*, 11 April 2018, https://ccla.org/genetic-non-discrimination-act-overview/

Tiller, Jane. "Australians Can Be Denied Life Insurance Based on Genetic Test Results, and There Is Little Protection." *The Conversation*, 24 August 2017, https://theconversation.com/australians-can-be-denied-life-insurance-based-on-genetictest-results-and-there-is-little-protection-81335

Byravan, Sujatha. "Staying Ahead of the Double Helix." *The Hindu*, 2 March 2018, https://www.thehindu.com/opinion/lead/staying-ahead-of-the-double-helix/article22911354.ece

113. Reilly, Michael, and Peter Aldhous. "Special Investigation: How My Genome Was Hacked." and accompanying editorial, *New Scientist*, 25 March 2009, https://www.newscientist.com/article/mg20127013-800-special-investigation-how-mygenome-was-hacked/

114. http://forensicgeneticscenter.com/ 2019 年 4 月 18 日檢索。

Phillips, A. M. (2016). "Only a click away — DTC genetics for ancestry, health, love…and more: A view of the business and regulatory landscape." *Applied & Translational Genomics* 8, 16–22. https://doi.org/10.1016/j.atg.2016.01.001

115. Link, Taylor. "Madonna to Auction House: Give Me My Tupac Letter, Underwear, DNA Back." *Salon*, Salon.com, 19 July 2017, https://www.salon.com/2017/07/19/madonna-tupac-letter-dna-gotta-have-it-rock-auction/

116. 奇怪的名人紀念品清單可以在以下位址找到：https://uproxx.com/viral/the-craziest-and-coolest-celebrity-itemsever-listed-and-purchased-at-auctions

117. "Human Tissue Act 2004." *UK Human Tissue Authority*, https://www.hta.gov.uk/policies/human-tissue-act-2004

有關歐洲法律的調查，請參見：Kalokairinou, L., et al. (2017). "Legislation of direct-to-consumer genetic testing in Europe: a fragmented regulatory landscape." *Journal of Community Genetics* 9(2), 117–132. https://doi.org/10.1007/s12687-017-0344-2

118. Appel, Jacob. "'Gene-nappers,' like identity thieves, new threat of digital age" *New Haven Register*, 5 November 2009 https://www.nhregister.com/news/article/Gene-nappers-like-identitythieves-new-threat-11630337.php

Strand, N (2016). "Shedding Privacy Along with our Genetic Material: What Constitutes Adequate Legal Protection against Surreptitious Genetic Testing?" *AMA J Ethics* 18(3): 264-271. https://journalofethics.ama-assn.org/article/shedding-privacy-along-our-genetic-material-whatconstitutes-adequate-legal-protection-against/2016-03

Presidential Commission for the Study of Bioethical Issues. "Privacy and Progress in Whole Genome Sequencing." October 2012: 79-80, appendix IV. https://bioethicsarchive.georgetown.edu/pcsbi/sites/default/files/PrivacyProgress508_1.pdf

Strand, Nicolle. "Surreptitious Genetic Testing: Fact or Fiction?" *Impakter*, 23 February 2017, https://impakter.com/surreptitious-genetic-testing-fact-fiction/

關於 DNA 盜竊法律問題的全面討論，可以在下列網址中找到：https://www.bu.edu/law/journals-archive/bulr/documents/joh.pdf

119. Park, Michael Y. "The Murky Legal World of the DNA You Leave Behind at Restaurants." *Bon Appétit*, 18 January 2015, https://www.bonappetit.com/restaurants-travel/article/dna-laws-restaurants

120. Booth, Robert, and Julian Borger. "US Diplomats Spied on UN Leadership." *The Guardian*, 28 November 2010, https://www.theguardian.com/world/2010/nov/28/us-embassy-cables-spying-un

Vorhaus, Dan. "Surreptitious Genetic Testing: WikiLeaks Highlights Gap in Genetic Privacy Law." *The Privacy Report*, 30 November 2012, https://theprivacyreport.com/2010/12/09/surreptitious-genetic-testing-wikileaks-highlights-gap-ingenetic-privacy-law/

121. Green, R. C., & Annas, G. J. (2008). "The Genetic Privacy of Presidential Candidates." New England Journal of Medicine, 359(21), 2192–2193. https://doi.org/10.1056/nejmp0808100

122. Smith, Martin. "Honey Trap Plot to Snatch Harry's Hair." *Daily Mail Online*, Associated Newspapers, 15 December 2002, https://www.dailymail.co.uk/news/article-151501/Honey-trap-plot-snatch-Harrys-hair.html

Bates, Stephen. "Newspaper Denies Plot to DNA Test Prince Harry's Hair." *The Guardian*, 16 December 2002, https://www.theguardian.com/media/2002/dec/16/pressandpublishing.themonarchy

Coghlan, Andy. "DNA Theft Should be a Criminal Offence." *New Scientist*, 21 May 2002, https://www.newscientist.com/article/dn2305-dna-theft-should-be-a-criminaloffence/

123. Andrew Hessel, Marc Goodman. "Hacking the President's DNA." *The Atlantic*, Atlantic Media Company, 01 November 2012, https://www.theatlantic.com/magazine/archive/2012/11/hacking-the-presidents-dna/309147/
   Kessler, Ronald. *In the Presidents Secret Service: behind the Scenes with Agents in the Line of Fire and the Presidents They Protect*. Crown, 2009. ISBN 0307461351

124. Jones, Tobias. "The Murder That Obsessed Italy." *The Guardian*, 8 January 2015, https://www.theguardian.com/world/2015/jan/08/-sp-the-murder-that-has-obsessed-italy

125. Jouvenal, Justin. "The Unlikely Crime-Fighter Cracking Decades-Old Murders? A Genealogist." *The Washington Post*, WP Company, 16 July 2018, https://www.nzherald.co.nz/world/news/article.cfm?c_id=2&objectid=12090397
   23andMe guide for Law Enforcement: https://www.23andme.com/law-enforcement-guide/. 2019 年 8 月 8 日檢索。
   Pauly, Madison. "Police Are Increasingly Taking Advantage of Home DNA Tests. There Aren't Any Regulations to Stop It." *Mother Jones*, 12 March 2019, https://www.motherjones.com/crime-justice/2019/03/genetic-genealogy-lawenforcement-golden-state-killer-cece-moore/

126. Molteni, Megan. "Genome Hackers Show No One's DNA Is Anonymous Anymore." *Wired*, 11 October 2018, https://www.wired.com/story/genome-hackers-show-no-ones-dna-is-anonymous-anymore/
   Erlich, Y., Shor, T., Pe'er, I., & Carmi, S. (2018). "Identity inference of genomic data using long-range familial searches." *Science*, 362(6415), 690–694. https://doi.org/10.1126/science.aau4832
   Robbins, Rebecca. "What Does the Golden State Killer Arrest Mean for Genetic Privacy?" *STAT*, 30 April 2018, https://www.statnews.com/2018/04/26/genealogy-golden-state-killer-privacy/

127. Mitchell, Don. "Halton Police Catch Alleged Car Thief Thanks to DNA Evidence on Beer Can." *Global News*, 15 April 2019, https://globalnews.ca/news/5170279/haltonpolice-catch-alleged-car-thief-thanks-to-dna-evidence-onbeer-can/
   https://www.cambs.police.uk/news-and-appeals/car-thief-thomas-safford-jailed-crash-caxton
   Naik, Gautam. "DNA Evidence Gains Acceptance As a Key Tool in Robbery

Cases." *The Wall Street Journal*, 20 June 2008, https://www.wsj.com/articles/
SB121384113207187445

"Mosquito Helps Police in Stolen Car Investigation." *The Telegraph*, Telegraph
Media Group, 22 December 2008, https://www.telegraph.co.uk/news/worldnews/
europe/finland/3902862/Mosquito-helps-police-in-stolen-carinvestigation.html

128. Zhang, Sarah. "The Messy Consequences of the Golden State Killer Case". *The
Atlantic* 1st October 2019 https://www.theatlantic.com/science/archive/2019/10/
genetic-genealogydna-database-criminal-investigations/599005/

Jones, Natalie. "Maryland House Bill Seeks to Prohibit Using Familial DNA
Databases to Solve Crime." *Baltimore Sun*, 29 June 2019, https://www.baltimoresun.
com/politics/bs-mdmaryland-house-bill-dna-databases-0221-story.html

129. Devin, Fabio. "Margaret Atwood: Argentina's Dictatorship Was Source for
'Handmaid's Tale'." *The Bubble*, 22 January 2018, https://www.thebubble.com/
argentina-inspiration-for-handmaids-tale

130. Vishnopolska, S. A., Turjanski, A. G., Herrera Pinero, M., Groisman, B.,
Liascovich, R., Chiesa, A., & Marti, M. A. (2018). Genetics and genomic medicine
in Argentina. *Molecular Genetics & Genomic Medicine*, 6(4), 481–491. https://doi.
org/10.1002/mgg3.455

131. York, David Usborne in New. "Argentine Media Heirs Face 'Adoption' DNA
Tests." *The Independent*, 23 October 2011, https://www.independent.co.uk/news/
world/americas/argentine-media-heirs-face-adoption-dna-tests-1994125.html

132. "The Injustice of Argentina's Forced DNA Tests." *The Globe and Mail*, 3 May
2018, https://www.theglobeandmail.com/opinion/editorials/the-injustice-of-
argentinas-forced-dna-tests/article1211756/

133. The Facebook group is: ADN Ninos Robados https://www.facebook.com/
groups/550687358291184. 2019 年 6 月 12 日檢索。

Lewis, Ricki. "DNA Testing to Reunite Separated Families-What We Learned from
the Grandmothers of Argentina." *Genetic Literacy Project*, 7 August 2018, https://
geneticliteracyproject.org/2018/08/07/dna-testing-to-reuniteseparated-families-
what-we-learned-from-the-grandmothersof-argentina/

134. Sherwood, I-Hsien. "Aeromexico Stuns Americans Who Don't like Mexico with
DNA Results." *AdAge*, 18 January 2019, https://adage.com/creativity/work/
aeromexico-dna-discounts/969266

墨西哥航空公司的宣傳影片可在下列網址找到：https://youtu.be/pNVO_DVzkqA

135. http://redagencydigital.com.au/redagency-files/RedAgency_2019_Predictions.pdf 2019 年 8 月 8 日檢索。

136. https://www.momondo.com/discover/article/dna-journeylocal-winner-us. 2019 年 8 月 9 日檢索。

137. Dewey, Caitlin. "98 Personal Data Points That Facebook Uses to Target Ads to You." *The Washington Post*, 19 August 2016, https://www.washingtonpost.com/news/the-intersect/wp/2016/08/19/98-personal-data-points-that-facebook-usesto-target-ads-to-you/ 據報導，臉書（和 IG）使用約 100 個資料點，而谷歌甚至可能依賴於從我的電子郵件、日曆和 YouTube 歷史紀錄中獲取更多的訊息。
Matsakis, Louise. "Facebook's Targeted Ads Are More Complex Than It Lets On." *Wired*, Conde Nast, 25 April 2018, https://www.wired.com/story/facebooks-targeted-ads-are-more-complex-than-it-lets-on/

138. 據報導，Ancestry.com 的條款提及該公司或許會使用客戶基因做廣告，但後來的條款不再提及這種選項。
Ellenbogen, Paul. "Ancestry.com Can Use Your DNA to Target Ads." *Freedom to Tinker*, 7 September 2015, https://freedom-to-tinker.com/2015/09/07/ancestry-com-can-use-your-dna-to-target-ads/
https://www.ancestry.com/cs/legal/privacystatement. 2019 年 7 月 6 日檢索。

139. Lloyd Price. "Genetic Testing Sites Are the New Social Networks, so Will Facebook Acquire 23andMe?" *Healthcare Digital*, 4 August 2019, https://www.healthcare.digital/single-post/2018/12/08/Genetic-Testing-sites-are-the-new-Social-Networks-so-will-Facebook-acquire-23andMe

140. Simonson, I., & Sela, A. (2011). "On the Heritability of Consumer Decision Making: An Exploratory Approach for Studying Genetic Effects on Judgment and Choice." *Journal of Consumer Research*, 37(6), 951–966. https://doi.org/10.1086/657022
Daily, Paul. "Why Your DNA Is a Gold Mine for Marketers." *The Globe and Mail*, 12 December 2012, https://www.theglobeandmail.com/news/national/time-to-lead/why-your-dna-is-a-gold-mine-for-marketers/article6293064/

141. White, Martha C. "Now Credit Card Companies Want Your DNA." *Time*, 27 October 2011, http://business.time.com/2011/10/27/now-credit-card-companies-

want-your-dna/

142. Mitnick, Kevin D. *The Art of Deception: Controlling the Human Element of Security*. Wiley, 2003 ISBN 978-0764542800

143. Bobe, Jason. "To the Moon: In Support of the Genomic Astronauts Who Will Take Us There." *The Privacy Report*, 11 November 2009, https://theprivacyreport. com/2009/11/11/to-the-moon-in-support-of-the-genomic-astronauts-whowill-take-us-there/

144. Gymrek, M., et al. (2013). "Identifying Personal Genomes by Surname Inference." Science, 339(6117), 321–324. https://doi.org/10.1126/science.1229566
    Check Hayden, E. (2013). "Privacy protections: The genome hacker." *Nature*, 497(7448), 172–174. https://doi.org/10.1038/497172a
    厄里奇在 TED 大會上解釋了這種駭客行為：https://youtu.be/9YeQi5Zqy1I

145. https://aboutmyinfo.org/ 2019 年 9 月 8 日檢索。

146. Vorhaus, Dan. "Why Public Genomics Is Not a Purely Personal Decision." *Genomes Unzipped*, 13 October 2010, http://genomesunzipped.org/2010/10/why-public-genomicsis-not-a-purely-personal-decision.php

147. http://advanceddna.in. 2019 年 6 月 20 日檢索。
    Plomin, Robert. *Blueprint: How DNA Makes Us Who We Are*. Penguin Books, 2019. 普洛明（Plomin）的書因其確定性方法而受到批評，請參考，如：
    Comfort, N. (2018). "Genetic determinism rides again." *Nature* 561(7724), 461–463. https://doi.org/10.1038/d41586-018-06784-5
    Kaufman, Scott Barry. "There Is No Nature–Nurture War." *Scientific American Blog Network*, 18 January 2019, https://blogs.scientificamerican.com/beautiful-minds/there-is-no-nature-nurture-war/

148. Trenholm, Richard. "'Blade Runner 2049' Is a World without iPhones, Director Says." *CNET*, 1 October 2017, https://www.cnet.com/news/blade-runner-2049-director-denis-villeneuve-interview/

149. Kera, D. (2010). "Bionetworking over DNA and biosocial interfaces: Connecting policy and design." *Genomics, Society and Policy* 6(1). https://doi.org/10.1186/1746-5354-6-1-47

150. Hunter, D. J., Khoury, M. J., & Drazen, J. M. (2008). "Letting the Genome out of the Bottle — Will We Get Our Wish?" *New England Journal of Medicine*, 358(2), 105–107. https://doi.org/10.1056/nejmp0708162

151. Kavin, Kim. "Don't Use Dog DNA Tests to Make Life-or-Death Decisions for Your Pet, Experts Warn." *The Washington Post*, 30 July 2018, https://www.washingtonpost.com/news/animalia/wp/2018/07/30/dont-use-dog-dna-tests-to-make-life-ordeath-decisions-for-your-pet-experts-warn/

Moses, L., Niemi, S., & Karlsson, E. (2018). "Pet genomics medicine runs wild." *Nature*, 559(7715), 470–472. https://doi.org/10.1038/d41586-018-05771-0

國家圖書館出版品預行編目資料

DNA國度：基因檢測與基因網際網路如何改變你的生活 / 塞爾吉奧・皮斯托伊（Sergio Pistoi）著；曹順成譯. -- 初版. -- 臺北市：商周出版：家庭傳媒城邦分公司發行, 2020.12
面；　公分. -- (科學新視野；165)
譯自：DNA nation : how the internet of genes is changing your life
ISBN 978-986-477-931-4 (平裝)

1.DNA　2.網路隱私權

364.216　　　　　　　　　　　　　　　109015584

科學新視野　165

DNA國度——基因檢測與基因網際網路如何改變你的生活

作　　　者／塞爾吉奧・皮斯托伊（Sergio Pistoi）
譯　　　者／曹順成
審　　　定／丁照棟　博士
企 畫 選 書／黃靖卉
責 任 編 輯／黃靖卉

版　　　權／黃淑敏、吳亭儀
行 銷 業 務／周佑潔、黃崇華、張媖茜
總　編　輯／黃靖卉
總　經　理／彭之琬
事業群總經理／黃淑貞
發　行　人／何飛鵬
法 律 顧 問／元禾法律事務所 王子文律師
出　　　版／商周出版
　　　　　　台北市104民生東路二段141號9樓
　　　　　　電話：(02) 25007008　傳真：(02)25007759
　　　　　　blog:http://bwp25007008.pixnet.net/blog
　　　　　　E-mail：bwp.service@cite.com.tw
發　　　行／英屬蓋曼群島商家庭傳媒股份有限公司 城邦分公司
　　　　　　台北市中山區民生東路二段141號2樓
　　　　　　書虫客服務專線：02-25007718；25007719
　　　　　　服務時間：週一至週五上午09:30-12:00；下午13:30-17:00
　　　　　　24小時傳真專線：02-25001990；25001991
　　　　　　劃撥帳號：19863813；戶名：書虫股份有限公司
　　　　　　讀者服務信箱：service@readingclub.com.tw
　　　　　　城邦讀書花園：www.cite.com.tw
香港發行所／城邦（香港）出版集團有限公司
　　　　　　香港灣仔駱克道193號東超商業中心1樓　E-mail:hkcite@biznetvigator.com
　　　　　　電話：(852) 25086231　　傳真：(852) 25789337
馬新發行所／城邦（馬新）出版集團【Cite (M) Sdn. Bhd. (458372U)】
　　　　　　41, Jalan Radin Anum, Bandar Baru Sri Petaling,
　　　　　　57000 Kuala Lumpur, Malaysia
　　　　　　電話：(603) 90578822　傳真：(603) 90576622

封 面 設 計／斐類設計工作室
版 型 設 計／極翔企業有限公司
印　　　刷／中原造像股份有限公司
經　　　銷／聯合發行股份有限公司　　地址：新北市231新店區寶橋路235巷6弄6號2樓
　　　　　　電話：(02)2917-8022　　傳真：(02)2911-0053

■2020年12月3日初版一刷　　　　　　　　　　　　　　Printed in Taiwan

定價360元

城邦讀書花園
www.cite.com.tw

| 廣　告　回　函 |
| 北區郵政管理登記證 |
| 北臺字第000791號 |
| 郵資已付，免貼郵票 |

104　台北市民生東路二段141號2樓

英屬蓋曼群島商家庭傳媒股份有限公司城邦分公司　收

請沿虛線對摺，謝謝！

書號：BU0165　　書名：DNA國度：基因檢測與基因網際網路如何改變你的生活

讀者回函卡

感謝您購買我們出版的書籍！請費心填寫此回函卡，我們將不定期寄上城邦集團最新的出版訊息。

不定期好禮相贈！
立即加入：商周出版
Facebook 粉絲團

姓名：＿＿＿＿＿＿＿＿＿＿＿＿＿＿＿＿ 性別：□男 □女

生日：西元＿＿＿＿＿年＿＿＿＿＿月＿＿＿＿＿日

地址：＿＿＿＿＿＿＿＿＿＿＿＿＿＿＿＿＿＿＿＿

聯絡電話：＿＿＿＿＿＿＿＿ 傳真：＿＿＿＿＿＿＿＿

E-mail：

學歷：□ 1. 小學 □ 2. 國中 □ 3. 高中 □ 4. 大學 □ 5. 研究所以上

職業：□ 1. 學生 □ 2. 軍公教 □ 3. 服務 □ 4. 金融 □ 5. 製造 □ 6. 資訊

　　　□ 7. 傳播 □ 8. 自由業 □ 9. 農漁牧 □ 10. 家管 □ 11. 退休

　　　□ 12. 其他＿＿＿＿＿＿＿＿＿＿＿＿＿

您從何種方式得知本書消息？

　　　□ 1. 書店 □ 2. 網路 □ 3. 報紙 □ 4. 雜誌 □ 5. 廣播 □ 6. 電視

　　　□ 7. 親友推薦 □ 8. 其他＿＿＿＿＿＿＿＿＿＿

您通常以何種方式購書？

　　　□ 1. 書店 □ 2. 網路 □ 3. 傳真訂購 □ 4. 郵局劃撥 □ 5. 其他＿＿＿

您喜歡閱讀那些類別的書籍？

　　　□ 1. 財經商業 □ 2. 自然科學 □ 3. 歷史 □ 4. 法律 □ 5. 文學

　　　□ 6. 休閒旅遊 □ 7. 小說 □ 8. 人物傳記 □ 9. 生活、勵志 □ 10. 其他

對我們的建議：＿＿＿＿＿＿＿＿＿＿＿＿＿＿＿＿＿＿

＿＿＿＿＿＿＿＿＿＿＿＿＿＿＿＿＿＿＿＿＿＿＿＿

＿＿＿＿＿＿＿＿＿＿＿＿＿＿＿＿＿＿＿＿＿＿＿＿